第一本探討台灣核電現況的教戰手冊

台灣必須廢核的10個理由

劉黎兒

他們，反對核電

施羅德（一九九八～二〇〇五年德國總理）

當初電力業界的抵抗實在可怕，因為他們從來沒想過做核電以外的生意。我和電力界層峰討論多次，直到他們接受為止！……安全必須是執政者的第一考量，不管危險的機率看起來有多低，不能當作沒有，我用我的安全哲學，說服了反對人士。

梅克爾（德國現任總理）

日本這樣高科技的國家，也無法駕馭核能的危險，這個事實，我們只好認真面對！……問題不在於德國會不會發生像日本那樣的地震，而是我們已經無法相信，至今自己對於風險的評估。沒錯，我去年（二〇一〇）支持了我國新能源的基本計畫，支持核電廠的延役，可是，今天為了不要引起誤會，我明白地表示，「福島改變了我對核電的看法」！

小泉純一郎（日本前首相）

應該把蓋核電的錢用來開發自然能源，降低對核電的依賴，擺脫核電，因為要處理高階輻射廢棄物，需要龐大的費用及數萬年單位的時間，但官僚至今卻還說「核電是低成本」。

本篤十六世（羅馬教宗）

支援不會帶給人危險的能源，實現體恤環境的生活，是政治經濟的優先課題。

小出裕章（京都大學原子爐學者）

要等鈽無毒，必須等一百萬年。……日本找不到什麼地方可以安心擺放（核廢料），反核是非常明確而無可懷疑的價值。

推薦序

不要再有下一個福島！

崔愫欣（綠色公民行動聯盟秘書長）

二〇一一年三月十一日，就在離我們不遠之處的日本福島，難以想像的核災眼睜睜地發生在所有人的面前。

在那一天，自然的巨大威力向人類展示了無常，人類所依仗的現代文明與科技，並不足以讓我們免於災難與恐懼。福島核電廠爆出大量輻射物質，超過了一九八六年的車諾比核災，外洩的輻射量比原子彈更嚴重百倍，政府束手無策，只好把人體能承受的劑量以及食品容許的輻射基準都提高，讓所有人都身處於輻射與癌症的威脅之下，日本已正式進入輻射汙染時代。

台灣離日本很近，對於日本大地震與海嘯的災情感同身受，捐輸的救災金額超過台幣四十億元，居世界第一，但奇怪的是，台灣對於受害程度更深、更廣的核災卻諱莫若深，災後的相關新聞逐漸減少，讓台灣人誤以爲核災已經結束。其實只要懂得自己上網去看英文或日文的外電新聞，就可以知道福島核災至今陸續爆發嚴重問題，如健康影響、環境汙染、生態危機、農業災害等，日本各大報每天的重要版面都還是核災處理的新聞：反應爐尚未冷卻、爐心持續熔解甚至下落不明、不時發現輻射外洩、輻射水四處溢流、兒童被檢驗出體內輻射，這種種的核電後遺症駭人聽聞，而政治與利益集團的黑霧卻企圖遮天蓋地，讓核災對於核電產業的殺傷力降到最低，讓核能的眞相繼續被朦蔽。

災後我持續關注日本的最新資訊，來源除了日本的環保團體之外，經由朋友介紹，發現作家劉黎兒的網站也成爲隨時更新的訊息來源，廣受關心日本災情的網友注意，從此我開始與黎兒定期交換訊息與討論。黎兒定居東京，在這一波核災下親身體驗了迫在眼前的危機，更以新聞人的敏銳觀察，在報章雜誌上大量撰寫核災對日本的影響，以及日本社會對於核電的反省與質疑，讓台灣讀者能了解眞相。如今她又以極大的行動力回頭關心自己生長的島嶼，撰寫了台灣核電現況的分析與應該廢核的各項理由，其資料整理之完整，分析之鞭辟入裡，是台灣近年來最完整的一本核電調查報告，更是認識核電現況的最佳教戰手冊。

我們希望有越來越多人能開始重新思考核電帶來的危害，這已不是反核團體的杞人憂天，而是人人都不該輕忽的事實。在那一天，福島居民體驗到的不只是恐懼，還有「一切已來不及」的悔恨。而在台灣的我們，是否還來得及？福島給這一世代的人發出了警訊，No More Fukushima成爲全球反核浪潮最響亮的口號，民眾要求的是環保安全的用電方式，依賴核能只會延緩改變的發生，只會讓我們繼續擁抱汙染與死亡！我們無法預測下一次的災難會在何時何地發生，但我們當下就可以決定那一天要不要到來，因爲選擇權就在我們每個人的手上。

作者序

現在不廢核，絕對會後悔！

日本在二〇一一年三月十一日發生東日本大地震和海嘯後，因爲同時發生福島核災，不僅歷史從此走入「災後時代」，更進入全民遭輻射汙染的時代，二百萬以上的福島及北關東地區居民生活在高濃度輻射汙染的環境下，遭輻射汙染的食品在全國流通，當下有數百萬人的身家財產歸零或近於零，未來更有百萬單位的人會額外致癌死亡，而日本作爲國家，只能不斷做出違法行爲來維持體制，國家和社會都變色、走樣了。

歌手佐野元春說：「核災如事前警告般發生了。」核電當局或擁核人士若不是無知，就是爲了利權，不但不聽警告，長年不斷說謊，假造及玩弄各種數字魔術，宣傳核電安全神話，把核電僞裝成低成本、低排碳的「未來的夢想的能源」，但經過幾次核災，尤其是福島核災，終於徹底踢爆了這些大騙局，歐洲的德國、義大利、瑞士、比利時都相繼覺醒廢核。

福島核災不僅讓日本國土有三％以上半永久喪失，實質也造成數百兆日圓的損失，京都大學原子爐學者小出裕章說：「這是東電破產多少次、日本政府破產多少次，也賠償不起的！」他又說：「核災讓日本變成無法狀態，每平方公尺四萬貝克以上的地區依法是輻射管制區域，在區域內不能喝水、不能有兒童進出、不能把其中任何東西帶出來，但現在全反過來了，福島全縣及關東北部等，都比輻射管制區域的輻射汙染還嚴重，但政府還繼續讓二百多萬人居住，三十萬名兒童生活在其中，汙染區的東西也搬進搬出！」

長年調查車諾比核電廠事故的報導作家廣河隆一表示：「福島學校的輻射劑量跟離車諾比四公里的死城布里比齊一樣多！」這也是動畫大師宮崎駿很早就呼籲「福島縣已經是全縣不避難不行的狀態！」的原因。

但要讓二百萬人避難，超乎日本政府的能力，只能讓十萬餘人避難，至於要除卻輻射汙染也要十個國家預算，而且效果有限，核災是超乎人類處理能力的！

日本政府以違法方式把輻射汙染擴散、稀薄化到全國，企圖掩飾長年推進核電的罪責，日本國民的義務現在除了納稅外，還要被曝、吃喝輻射汙染食品。

但即使如此，搞核電的人神經是跟普通人不同的，尤其在地震頻仍的東亞，核電早已跟政治及財經利益糾葛不清，福島核災沒辦法改變東亞擁核當局的想法，像日本的原能會在十月底重估核電成本時，居然表示「今後每五百年才會爆掉一個原子爐」，日本有五十個爐，也就是即使日本每十年爆掉一個爐，他們也還要繼續搞核電！不僅日本，搞核電的人心態就是如此，能繼續容許嗎？

日本學者已經指出，地震國度如日本，只要震度六的地震來，平均耐震係數〇・六G的所有核電廠都會倒，未來每二十年都會有一次福島核災發生，而只要發生五次，日本就會滅亡，亦即一百年後日本就不存在了。這個數字一點也不誇張，因爲日本原能會估計十年爆掉一個爐，核電運轉率約五成，正好是二十年一次福島級核災。

但日本還夠大，可以經得起五次核災，台灣呢？台灣連一次核災都經不起的，而且台灣的核電廠耐震係數只有〇・三G和〇・四G，連震度五的地震都耐不住的。至今沒發生核災，我們只能想「又僥倖地過了一天！」

日本永遠的女星吉永小百合後悔自己認清核電太晚，表示：「至今我曖昧地接受『和平利用核能』這個語彙，其實應該更早去理解普通的核能；我現在希望世間沒有核武，也希望沒有核電廠！」

這也是我最大的後悔，我的認識和覺醒太慢了。

我是在三一一核災後才開始認眞地去認清核電的眞面目，之前，我只是把它當作環保的一環，優雅地掛在嘴巴上說說而已，不知道核電問題是如此急迫、直接又強烈影響現在與後世。

只要稍微認清核電，便會發現世界上沒有比反核、廢核更明確的價值，這眞如歌手長渕剛所說的：「老實說，核電是不行的，行不通的！不需要任何歪理，不行的東西就是不行，不需要任何歪理的。自然會消失的，面對這種不行的玩意，必須拿出勇氣，馬上把核電切割出去才行！」作曲家坂本龍一則呼籲「Stop核電」，而且指出「現在不是乖乖不動聲色的時候了！」

台灣更是應該要廢核，更應該大喊：「我們不要核電！」「Stop核電！」只要認清核電本質，這是跟核電利權無關的你我都很自然會發出的聲音！

因爲全球最危險的核電就在台灣，就在你我的身邊！而且即使台灣現在就廢核，也已經有相當於廣島原子彈二十三萬顆份的核分裂生成的輻射物質，以及大量核廢棄物無法處理，我們已經註定要遺留十萬年乃至一百萬年才能無毒化的劇毒垃圾，給我們的子女以及他們的子女了！

台灣應該從福島核災記取教訓，不僅核電當局如執政者、官員、核電業者等，個人也是。正如村上春樹在災後發表演講時指出：「我們批判電力公司，批判政府，這是理所當然的、也是必須做的事情；但在此同時，我們也必須告發自己，雖身爲被害者，同時也是加害者。我們必須嚴正地檢視此一事實。若不如此，我們或許會再度重複同樣的失敗吧！『請安息吧！因爲我們不會再犯同樣的錯誤。』我們必須將這句在廣島的原爆死歿者慰靈碑上的話，再次深深銘刻於心。」

德國、義大利等國家之所以廢核，是因為人民的聲音夠大、夠強悍，否則要突破擁核者薰心利益所達成的頑逆穩固，以及來自稅金的財大氣粗的收買與隱蔽工作，是很困難的。

個人也必須站出來！大江健三郎引用他的老師渡邊一夫說的話：「很多人以為不瘋狂就無法成就偉大的事業，這絕對是謊言！因瘋狂而興起的事業，必帶來荒廢與犧牲！眞正偉大的事業應該是穩步推進，誠實地、道地的、可行地！」

大江認為核電就是瘋狂的事業，歐洲三國已經不容許繼續威脅人民生命的核電存在了；但即使日本有八、九成的人反對核電，實際上政策卻無法反映這樣的民意，大江說：「我們能做些什麼？我們只能召開廢核集會以及示威，我們必須讓我們的聲音傳遞出去！」

大江和許多名人發起了千萬人廢核連署，以及大規模的「跟核電說再見」的示威、集會等，許多從不參加示威的日本人都上街頭了，反核、廢核不是環保團體的工作，而是每一個人生存的基本需要，只有廢核，才可免遭核電剝奪生命家財的憂慮。

現在是個人發聲的時候了！而且要發的夠力才行！個人的廢核行動力無限，可以做的事很多，像是：

（一）每個人透過自己的表現手段來要求廢核，不管是文字、繪畫、音樂、舞蹈、影像等都可以，或許在大眾傳媒，或許在臉書、推特、部落格等個人媒體上。

（二）廢核的價值是絕對而中立的，在台灣尤其不要因爲藍綠問題而停止思考，每個人都應該要求自己支持的政黨廢核，並用選票來淘汰那些通過核電預算的政客。以前日本反核是左傾或工會的專利，但在災後，連右傾的漫畫家小林善紀都出面主張廢核；他指出，保守派總是馬上直指左翼是「廢止核電＝反核」，而保守派以「推進核電＝擁有核武」自居，這是停止思考的證據！

（三）個人建立對擁核媒體、學者及核電當局說法的讀識判別能力，不要生活在被故意遮斷、僞造核災與核電資訊的世界，多方閱讀、深入討論，因爲知識就是力量，認清核電眞相後，就不會繼續被他們荒謬的邏輯與不實的謊言所欺騙，就能終結擁核當局長年蓄意洗腦的狀態。

（四）雖然沒有核電，也不會沒電可用，但應該要求轉換成自然能源；而最究極的減碳與環保，還是直接節能。台灣因爲核電當局長年搞低電費政策來強迫國民用電，硬把台灣人培養成浪費電的罪犯，現代的機器或家電都很聰明省電，個人甚至業者，只要稍有自覺，省個兩成的電力完全不是問題。台灣對核電的依賴率才一八％，備載率達二六％，根本完全不需要核電的。

個人的力量是可以改寫台灣歷史的！爲了自己的基本生存權，以及不再增加劇毒遺產給後世，因爲我們已經在花用幾千個世代子孫的信用卡了。必須要廢核，台灣有十個乃至一百個理由必須廢核。現在不廢核，絕對會後悔！

CONTENTS

CONTENTS

第二部分

台灣必須廢核的10個理由

CONTENTS

第三部分
非核家園才是理想家園

CONTENTS

附錄

CONTENTS

圖片目錄

第一部分

核災是你我承擔不起的災難

就是因爲我或所有專家至今都不知道結果會如何、
福島眞相爲何，所以我才反核。
——廣瀨隆，知名作家

第1章

看不清的福島核災眞相

二十五年前車諾比核電廠事故的眞相，是過了四分之一世紀，部分面貌才慢慢公開出來，尤其在一九八六年事故發生時，台灣還處於戒嚴時期，相關資訊遭到隱匿。至於日本及歐美，雖然有許多專家不斷深入去調查車諾比核災的眞相，但日本也是直到自己國內發生核災了，才回頭去關心車諾比核災，才了解核災造成百萬人致癌死亡，以及輻射汙染至今不滅的恐怖眞相。

福島核災就在離台灣很近的日本發生了，究竟眞相爲何？

日本核災擔當大臣細野豪志在二○一一年九月十九日出席國際原子能總署

（IAEA）大會時，居然宣布日本將會提前在年底前讓福島核災達到「低溫安定」的狀態，但這其實是日本政府以及東京電力公司（以下簡稱東電）爲了挽回國際形象而粉飾的太平。

日本政府粉飾福島災情

日本首相野田佳彥在九月三十日宣布解除離福島核一廠半徑二十至三十公里圈內五個自治體的緊急避難準備區規定，好像這地區的人可以重返家園般，但其實這只是表示福島核一廠暫時不會發生嚴重核爆而不須緊急避難，並非當地居民可以返鄉，因爲全區輻射汙染嚴重，如果不除汙（除卻輻射汙染），幾十年內都無法重返家園，但除汙是否能成功、要花多少年，都還是未知數。

細野在國際原子能總署大會上表明，日本將在年底前讓福島核一廠原子爐內的溫度都降到一百度以下，而且宣示日本收拾福島核災已有相當的成績。問題是空心原子爐的溫度只要加水，想維持在幾度都可以，只不過用來冷卻的水都變成高濃度輻射水（含輻射物質之廢水），需要處理。這些輻射水大量流出，每天至少相當數量去汙染地下水及海洋，而另一方面，四號機的核島❶建物地下水槽四處龜裂，每天都有數百噸地下水流入。雖然東電拚命處理輻射水，原本以爲只剩下五萬噸，但實際上至少還有八萬噸，專家估測東電連五萬噸都是少算了，不包括地下水部分，高低濃度輻射水至少還有十一萬噸，這都是人類史上前所未有大量含輻射物質的廢水。若處理來不及，日本政府又會把低濃度輻射水排放到海裡去，非常恐怖。

由於每天都在增加新的輻射水，整個事態的收拾不可能順利進行，如果汙水還那麼多，則冷卻時也不敢加太多水，連這項空包的國際承諾都無法實現吧！

日本雖然試圖改變現在從外面汲水來冷卻的方式，像是用輻射水來循環冷卻，但那樣的話連所有機器、管線也都會遭汙染，在核島作業的員工就會遭輻射，因此也只好拿稍微乾淨的水去冷卻原子爐。在核電廠現場最困難的是到處都有輻射，管線、泵等稍有問題，還是要有人曝露在輻射當中進行維修，這是核電最基本的困難。

如果東電將正確的資料公開，就能集思廣益，但至今東電從沒公布正確的資料，公布過的資料都一再被迫修正，因此即使日本國內的專家也都幫不上忙。搞核電的電力公司或業者，乃至政府主管機關，不管在災前還是災後，都絕對不說眞話的，一切都還是黑箱作業。在前首相菅直人內閣時成立了檢證核災的委員會，東電對該會提出的〈發生事故時運轉操作手順書〉中，竟以「全屬國家機密」爲理由，而有十二頁全部塗黑，顯見核電業者的態度凌駕一切之上，至今還在隱匿眞相。

雖然國際都很期待福島核災能早日收拾完畢，不要再繼續放出輻射物質到大氣或海洋，但實際上三個爐心（灼熱的核燃料）現在眞的下落不明。東電原本號稱爐心都在，只是部分熔毀，而原子爐內還有水，但所有核電專家都認爲爐心早已不在爐內，東電自己則是在五月十二日才不得不承認原子爐內早已沒水，而爐心完全熔毀。

據京都大學原子爐學者小出裕章表示：「像爐心如此高達一百噸的高溫熔融體，如果不是高達攝氏二千八百度是不會熔掉的，一旦熔毀，則先掉到原子爐的加壓容器，亦即是鋼鐵的壓力鍋般的玩意，因爲是鋼鐵，大概攝氏一千四百度、一千五百度就會熔掉，因此加壓容器已經熔穿，接下來掉落在圍阻體，圍阻體是防止輻射物質外釋最重要的外層防線，底層是相當厚的強化鋼筋混凝土做的，因此爐心大概是從圍阻體的側壁鋼鐵的部分熔穿、熔出原子爐的，尤其一號機是很小、很老的爐，因此爐心早已熔出圍阻體側面，跑到外面去了！二號機、三號機應該也是這種狀態！」

小出並認爲，由於核島建物本身也全是水泥建的，無法整個建物都冷卻，因此爐心又繼續把水泥熔掉，而一直朝地下熔去、掉落。以前核電業界有所謂「中國症候群」的說法，是指在美國發生核災，爐心可能熔穿地殼、地幔和地心，直達在地球另一端的中國（中國只是一種通稱，其實美國的另一端是印度洋）。

面對爐心逐漸在地下熔穿竄走，東電束手無策，但卻依然繼續加水，是否有任何效果令人懷疑，因此日本向外界報告說福島核災維持低溫安定，根本毫無意義。小出表示：「原本所謂低溫停止，是指原子爐的加壓容器很健全沒破損，而爐心還在加壓容器中的狀態，那樣爐心若維持在一百度以下，就可以說是低溫停止。但現在福島三個爐的加壓容器都已經破底了，根本不可能有低溫停止狀態，東電或政府如此公布都是爲了淡化核災，而且不想公布正確的資訊！」

事實上福島核一廠在六月十四日凌晨一點還冒出大量的白色氣體，因爲還發光，所以或許不是單純的水蒸汽。由於茨城縣等地區的輻射值隨後上升，小出認爲那就算不是小型核爆，而是水蒸汽，水蒸汽也絕對含有輻射物質。事實上，在福島核一廠附近除了初期測到有大量的放射性碘、銫以外，也測到劇毒的輻射物質如鍶，甚至錼二三九（neptunium 239），顯示有核爆現象，但日本政府或東電不承認也不否認。

事實上已經測到許多超級劇毒的輻射物質，日本應該將至今收成有問題的農產品都廢棄銷毀才行，但那樣做的話就得補償受損農家，政府做不到，結果日本產品將眼看多少年都不會有人敢買，何況許多輻射物質的半衰期都是數萬年以上，而福島核一廠本身要到拆爐完成，也還要數十年甚至百年以上，許多收拾技術現在也還沒開發。細野報告福島核災低溫安定或野田宣布解除緊急避難準備區，只是欺瞞國際的粉飾說法而已。

說眞話的大臣被迫下台

如果一個地區有半數以上，甚至全數的人都想逃出，或是已經全數逃出，不是死城是什麼？調查顯示，福島有兒童的家庭過半都想遷居，而現在福島核一廠的二十公里圈內沒有一個人，甚至到四十公里圈也有許多地方鄉鎮是空城，沒有一個人影，時間從三一一福島核災後，就停止了。

日本三一一地震、海嘯加核災發生八個月了，各界疑惑日本復原的腳步爲什麼這麼慢。除了因爲民主黨內閣的經驗不足，初期出動太慢之外，最主要的原因是福島核災的輻射物質毫不容情地大量降落在整個東日本，對農業、漁業、畜產業都帶來致命打擊，對人體的傷害也即將表面化，因此野田的核電政策備受全世界矚目。沒想到在九月上旬，才上任九天的經產相鉢呂吉雄，因爲說福島核一廠周邊「宛如死城」的發言而引咎辭職，令國際大爲不解。

鉢呂是在九日到福島核一廠周邊二、三公里地區視察後發表感言，很直率地說出「宛如死城」。日本社會就是如此，有些禁忌是不能說的，就像看到低能的人，不能當場說他是低能一樣。當他視察完，回到議員宿舍時，他拿自己的衣服擦碰記者，開玩笑說：「我把輻射傳染給你！」這個動作的過程，以及這句話的精確用語到底如何，有十種以上的說法，可見許多記者是在場沒注意到或根本不在場，卻隨便聽人說就報導了。鉢呂當時是跟身邊記者開玩笑比一下，好像小孩子在玩傳電一樣。

日本各界都認爲他所說福島核一廠周邊完全沒有人跡的鄉鎮是「死城」，是很眞實的描述，沒什麼不對，應該不必下台。九月十一日東大藤原帰一教授在ＮＨＫ電視台表示，如果鉢呂「死城」的發言算嚴重，那麼自民黨幹事長石原伸晃說「九一一是歷史必然」是更不可原諒的發言。

鉢呂下台眞相，其實是因爲他反核，而且不想參加美國主導的「泛太平洋戰略經濟合作協定」（ＴＰＰ），他等於是被專吃經產省利權的「經產族」國會議員、擁核的財經界硬搞下台的。日本經產省跟班記者或總社經濟組組長、主編等，都很聽財經界的話，完全是傳聲筒，但鉢呂對此很沒自覺，跟記者們混了兩天，以爲那些記者都是朋友，不知道他們正在等他出錯。

「死城」發言雖然是媒體或政界拿鉢呂不體恤福島人爲理由來整他，但背後最大的禁忌，是日本政府想把福島核災淡化，而他的發言正好刺破眞相，因此才非要他下台不可。

福島核一廠的汙染到底有多嚴重？日本自己承認，若以銫一三七來計算，放出一六八・五顆廣島原子彈的輻射物質，汙染了整個東北。不過二〇一一年十一月號的英國科學雜誌《自然》指出，北歐研究者推算福島核一廠放出的銫一三七應該是三萬五千京貝克以上，是日本政府官方數字的兩倍以上。「京」是很少見的天文數字，意即「萬兆」。若銫一三七放出的量爲兩倍以上，其他的輻射物質也應該是兩倍以上，日本政府其實連數字都從來沒老實發布過。事實上，東日本地區的輻射汙染實態，應比政府公布的程度嚴重兩倍乃至數倍。

此外，法國輻射防護暨核子安全研究所（ＩＲＳＮ）也在二〇一一年十月二十八日

日本福島核災大事記

日期／時間	事件	日本政府的因應措施
3月11日	東日本發生規模九地震、海嘯	
14:46	地震發生	
15:42	福島核一廠全部電源喪失	
15:45	海嘯來襲	
19:03		發布核能緊急事態令，未即時公布SPEEDI估測
3月12日	福島核一廠一、二、三號機爐心熔毀，開始熔穿	東電在5月12日才承認熔毀的可能性
05:44		發布十公里避難指示，前首相菅直人於上午視察，延後排氣
15:36	一號機氫爆	爆炸後五小時發布消息
20:20		發布二十公里圈避難指示
3月14日		
11:01	三號機發生兩次以上大規模爆炸	
3月15日		
06:14	四號燃料池爆炸	
06:20	二號機建物內發生爆炸	發布二十～三十公里室內避難指示（美國對僑民提出八十公里圈避難勸告）
3月20日	三號機爆炸，造成千葉、東京北部、埼玉等地區的輻射汙染	
3月22日	東京的自來水測出含放射性碘每公斤210貝克	
4月1日	茨城縣、北茨城市所捕獲的玉筋魚測出輻射汙染每公斤4,080貝克	
4月2日	發現超過100毫西弗的輻射水流入海裡	數日後止住
4月起		禁止土壤含銫5,000貝克以上的農地播種
4月18日		日本原子能安全保安院首次承認福島核一廠一至三號爐內的燃料棒有熔毀狀態

4月19日		日本文部科學省放寬成人與兒童的輻射被曝劑量限度為一年20毫西弗。（原本成人一年不能超過1毫西弗）
6月9日	作家村上春樹在西班牙頒獎典禮上致詞反核	
8月		保安院院長寺坂信昭在記者會中承認，東電和政府在三一一翌日即認知到爐心熔毀
8月		經產省表示要繼續出口核電
8月26日	日本四十二個原子爐停止運轉，只剩十二個運轉中	決定除卻輻射汙染（除汙）基本方針
9月7日	發現深海鰈魚的輻射值超過1,000貝克，是日本暫定容許基準的兩倍以上	
9月9日	經產相鉢呂吉雄發言表示福島核一廠周邊宛如死城，遭國內抨擊，引咎辭職	
9月19日	大江健三郎等發起「告別核電」六萬人示威	核災擔當大臣細野豪志在國際原子能總署大會中宣布日本將在年底前讓福島核電廠達到低溫安定的狀態
9月底	福島雙葉町、浪江町、飯館村等六個地點測出鈽	
9月30日		日本政府公布東日本的汙染地圖。福島全縣土地的放射性銫都超過4萬貝克，銫汙染也已擴散至東京、埼玉、神奈川、櫪木、群馬、千葉、茨城及山梨等的首都圈
10月3日		日本政府試算東電應付賠償，到二〇一三年為4.5兆日圓
10月6日		日本政府公布九月航測輻射汙染地圖
10月28日		日本政府在能源政策上表明因福島核災要修正對核電依賴度
10月29日		日本原能會估測福島核一廠廢爐需要三十年以上

（製表：劉黎兒）

指出，從福島核一廠流入太平洋的大量銫一三七，已經是史上最嚴重的海洋汙染事件，而且總量估計達二萬七千京貝克，是東電公布數據的二十倍，因此東電及日本政府到現在都還沒對世界公布汙染的眞相。

東北以及北關東地區是日本的糧倉，在收成的季節，許多米農看到稻田呈現黃金色原本都會很雀躍，但現在卻愁眉苦臉，因爲消費者不想買輻射米，至於牛、豬、牛奶或秋天盛產的菇類等，也都有輻射汙染問題，福島產的水蜜桃一顆遭賤賣到五十日圓，而關西產的則一顆三百日圓。

現在東北宮城或岩手縣的許多漁港都已經修復，漁民開始去打漁了，日本秋冬魚貝最鮮美的季節來了，但是據許多學者估算，福島核一廠放出到大氣的輻射物質約八十京貝克，放到海洋的約二十京貝克。即使是擁核的「日本原子能研究開發機構」也承認，至少有一．五京貝克的輻射物質被放到海洋去，尤其是北從岩手、南到千葉的太平洋沿岸的魚都令人擔心。福島曾在九月七日抓到最容易吸收輻射物質的深海魚鰈魚，測出輻射值超過一千貝克，是日本暫定容許基準五百貝克的兩倍以上。

由於日本農水省表示檢測儀器不足，所以檢測的件數不多，流到市場上超標的魚貝必然很多，令人不安。像這樣曖昧不明的狀態，都讓消費者很擔心，只好搶購舊米，或多花錢去買關西、九州的產品，這對東北災區的打擊非常嚴重，也是災後復原沒有進展的重要原因。東北以及關東的北部遭到輻射汙染，對日本全國的農業經濟打擊也很嚴重，日本是世界第五大農業國，遭汙染的地區不但是日本穀倉，而且農產品占日本三成以上，因此導致日本缺米，米價暴漲。

歐美和台灣媒體淡化眞相

二〇一一年七月，我曾返台演講「你所不知道的福島眞相」，許多人聽了很驚訝，才知道原來核災這麼嚴重。台灣對核災的報導到九月開始有點起色，媒體界有良知的記者也奮起努力了，否則除了核災發生的第一個月還算有報導外，以核災的嚴重性及台灣這樣的地震國擁有與福島核一廠同型危爐的觀點來看，報導未免太少了。

當然這是有許多原因的，一方面是核電當局費心阻擋。曾有主持人在電視上公然說：「台灣對核災的報導未免太多、太誇張了！」也有人去報社的國際新聞組主張：「你們多翻譯震災消息就好，不要刊登那麼多核災消息！」有些媒體是暗中有黑手在操控的，故意不讓台灣人認識福島核災的眞相。

其次，台灣媒體的外電來源本來就是以美、英、法這三大擁核國家爲主，而進來的外電在報導時又遭擁核媒體篡改、加工，甚至強姦日本核災的事實，因此對於國際眞相，台灣人必須自己培養外語能力，以及過濾媒體的讀識能力，才不至於遭矇混、欺瞞。

例如在五月十五日有經濟性報紙登出「美聯社專欄：發展核電，無法逆轉的趨勢」，雖然這原本就是擁核的美國媒體的報導，但美聯社原稿的標題是「Most nuclear plans on track outside Japan, Germany」，意思是日本和德國以外的大部分核電計畫要照預定進行，但並沒有「無法逆轉的趨勢」之意，台灣的媒體根據自己的立場而加工。

此外，台灣政府九月公布的新能源政策，不肯放棄國內外專家都覺得危險無比的核四商轉，經濟部搬出同樣落伍、懶惰的跳躍式邏輯「經濟成長＝大量用電＝核電」，拚經濟硬跟核電掛鉤。

或許為了配合政府硬將拚經濟跟核電掛鉤，有兩家媒體隨即推出「日相為拚經濟不放棄核電」這種不符事實的報導。野田在上台記者會中表明核電「不新建、不延役」，比前首相菅直人更明確要廢核，只是短期內為了確保用電，停止中的核電廠要經過耐性測試等安全檢查，以及地方理解等，符合各項條件後才能恢復運轉，並沒有把核電跟拚經濟掛鉤。媒體不應強姦日本實況來配合政府落後的邏輯。

台電不承認、不敢面對的事實

被國際公認不管既存的三座核電廠或興建中的核四都是最危險的台電，至今不肯好好面對福島核災真相，還宣稱福島核一廠「只有氫爆，而沒有核爆」，這不是無知，就是為了自己而幫東電欺瞞世人，故意欺瞞台灣人，淡化福島核災真相，心態可惡至極。

東電雖然沒正式承認有核爆，但也不敢否認，只好承認有再臨界（核反應）現象。東電的幾千頁事故報告公布時，關鍵部分塗黑，存心遮掩，但還是讓專家找到三月十五日有測到中子線，證明專家對十四日第三次爆炸（亦即三號機第二次爆炸）並非單純氫爆的看法是正確的，那次爆炸從燃料池閃紅光後冒黑煙，持續冒了好幾天，多位專家從爆炸威力、方向、發生場所判斷應該是核爆；此外，三月二十至二十一日間，三號爐內有爆炸，並大量釋放輻射物質，不輸給一號機以及二號機爆炸，千葉、東京北部、埼玉的輻射汙染便是二十日爆炸所造成的。

許多事實東電都沒公布，後來被測到才承認。經產省監督核電的保安院院長寺坂信昭在八月的下台記者會中終於承認，東電和政府是在三一一翌日就已得知爐心熔毀，但卻遮掩到五月才承認。中國高鐵發生溫州事故後，迅速掩埋車廂，當時日本有不少人嘲笑中國，但日本自己對於核災事實的隱匿程度比中國更嚴重。中國被罵後，一天就把車廂挖出來，但日本的爐心熔毀，則是隱瞞了一百五十天才公開，簡直是兩步笑一百步。

不過，至少東電還不敢說福島核一廠發生的各種大小核反應不算核爆，而台電居然硬規定「核彈爆炸才算核爆」，原能會還說這不過如小孩子玩的氫氣球爆炸般，比東電的欺瞞更嚴重。

注釋：

❶核電廠的設施主要分爲兩大部分：「核島」和「常規島」。核島是製造核反應的地方，利用核分裂反應產生蒸汽，主要裝置爲原子反應爐。常規島是利用蒸汽發電的地方，主要裝置爲渦輪發電機系統。

第2章

日本政府荒腔走板的救災措施

正如福島核災發生時自己因應連連出錯的前首相菅直人所說：「核電行政是以不會出差錯、不會發生事故為前提在運作的，因此出了錯就應付不來！」

小出裕章則表示，日本政府或核電業界始終迷信核災不會發生，發生後也不敢面對，盡量把核災想像得沒那麼嚴重，盡量想把核災淡化，結果每個因應動作都晚了好幾步，錯誤連連，而為此受傷害的是福島以及周邊的人。

隱匿風向與輻射塵散布的資料

事後檢討，因應錯誤的情況非常多，尤其「緊急時輻射影響快速偵測網路系統」（SPEEDI）的結果，是根據氣象資料和地形條件隨即預測出大氣中輻射塵的濃度，但當局卻故意加以隱匿，最初說是因爲沒有輻射源（福島核一廠）的資料，因此無法模擬預測出來，但其實早已經從各測定點逆算出福島核一廠的輻射塵分布狀況，後來才遭踢爆是首相官邸指示不要公布，理由是擔心引起大恐慌。

這個「緊急時輻射影響快速偵測網路系統」是日本政府在車諾比核災之後，爲了測知輻射如何散布，費了二十年的時間，花了一百億日圓，才開發出來的，但是在福島核災發生後卻沒有立即公布結果，而是過了半個月才公布，那時民眾才知道輻射物質是往西南和西北流動。

因爲政府的隱匿，造成許多福島人從低濃度輻射地區往高濃度地區避難，被曝更嚴重，其中最多的例子是帶著幼兒和家人從南相馬市往屬於超級「熱場」（hot spot）的浪江町或飯館市去避難，使得家人被曝更嚴重，後來都悔恨不已。

未迅速指示居民服用碘片

日本政府在核災後，不斷遮掩許多資料，連基本該做的動作都沒做，讓人覺得比起人民的健康，政府更想維護自己的權威。

防災的原則，應該是假定在最壞狀況發生時如何保護居民，而如果實際情況不是那麼糟，就慶幸「還好！還好！」但日本政府卻是假定最好狀況發生，於是該做的沒做，已經無法用「樂觀」兩個字來形容了。

日本政府是在福島核災爆發五天後，才打算對二十公里圈內的居民發放碘片❶，法國放射線研究獨立機構CRIIRAD認爲日本的動作太慢，應該馬上將發放碘片的範圍擴大到一百至一百五十公里圈的。福島核災的確連一百公里圈內的輻射汙染都很嚴重，五年之內必定會開始有大批甲狀腺癌的手術等著。法國許多核電廠附近的鄉鎮都發了備用碘片給居民，每五年更新一次；美國在三一一之後也隨即對整個關東圈的美軍及其眷屬，以及日籍工作人員發給碘片，並在三月十七日對美軍家屬發出撤離勸告，甚至包機協助撤離。

關於碘片，各國做法不同，日本現在還根據世界衛生組織設定，有遭到一百毫西弗被曝可能時才讓居民服用碘片，但法國在二〇〇九年時就已經把一百毫西弗的標準降低爲五十毫西弗，而兒童、孕婦、哺乳母親適用的標準則爲十毫西弗。

至於台灣，則是連核電廠周邊都沒發碘片，去問附近里長，只有碘藥水，政府防災的態度令人心寒。

坐視災民生活在高濃度輻射汙染區域

輻射雨靜靜地降落下來，毫不容情地開始傷害所有人。

小出裕章說：「在充滿輻射汙染的地區，因爲輻射線看不見，乍看像是和平的區域，但現在福島全縣早已經是可與輻射管制區域匹敵的高濃度輻射汙染地區，若是確實遵守日本法律的話，應該全境禁止進出的，應該把福島全縣都界定爲無人區的！但是從國家的立場來看，無法接受放棄國土的一部分，結果只好選擇讓人民被曝！」

因爲沒讓這些應該避難的福島人避難，福島縣內遭到嚴重被曝的人很多。日本原本有防止輻射汙染的法律，規定只有輻射工作人員，如核電工，職業曝露的劑量限度五年間不能超過一百毫西弗，而一般人則一年不能超過一毫西弗，但核災後日本政府未經修法，在四月十九日將成人與兒童的被曝劑量限度都提高爲二十毫西弗，比許多國家的核電工適用的標準還要寬鬆，也讓兒童飽受比世界絕大多數核電人員所承受更嚴重的汙染。

此外，依法規定，表面汙染密度超過每平方公尺四萬貝克的地區都屬於「輻射管制區域」，例如醫院的X光室或核電廠的某些區域，依規定不能把管制區域的輻射汙染帶出來。輻射工作人員從管制區域出來時要接受檢查，例如手遭輻射汙染就要洗手，洗了不行，再用熱水洗，還不行，就要用藥水洗，可能洗到脫皮才能出來。

但現在占日本土地三%、面積約一萬四千平方公里的福島縣，幾乎全縣土地都是每平方公尺四萬貝克以上，形同所謂的輻射管制區域，二百萬福島人全部都應該疏散避難，無法生活在那裡的，但日本政府若承認福島全毀、放棄整個福島地區，將會影響政府本身的信用與權威，而且還得承認至今爲止推進核電的錯誤，政府無力也無法讓福島人搬遷，讓福島人覺得自己是棄民。

許多專家估測，**福島以及周邊高輻射汙染地區，至少應該有一百五十萬人得避難，但日本政府頂多只有讓十五萬人避難的能力，其餘的人得自己想辦法才能離開求活，沒辦法的人只好選擇留在原地**。離開福島後無法存活的人很多，許多福島人都表示：「離開是大難，留下也是大難，我要求東電還我三一一之前的福島來！」

蘇聯在車諾比核災時，將超過三萬七千貝克的地區都歸爲汙染地區，強制人民避難，而日本現在根本連四萬貝克以上的輻射汙染地區都還讓人民居住，保護人民的程度還不如蘇聯。

輻射汙染地圖公布太晚，避難範圍太狹窄

日本政府對各種資訊都隱藏太久，像是爲了擔心賠償問題，延後公布土地汙染地圖，甚至到了九月三十日才公布整個東日本的汙染地圖。

土地汙染調查結果顯示，福島縣有的土壤測到含銫三千萬貝克，許多土地也有數萬至數百萬貝克。日本政府應該更早公布測量結果的，雖然擔心稻米會吸收土壤中的輻射物質，四月起即禁止土壤含銫五千貝克以上的地方播種，但土地汙染調查結果到了八月底才公布，農家早就播種了，超標米難免，令人擔心這些輻射米被混到其他米裡出售。

此外，日本到了九月底才公布放射性銫的最新汙染地圖，顯示除了福島全縣幾乎都超過四萬貝克外，福島核一廠的銫汙染擴散到東京、埼玉、神奈川、櫪木、群馬、千葉、茨城及山梨等的首都圈。受到風向與地形的影響，輻射塵從福島核一廠朝西北擴散，到了福島市西邊山區後，轉向西南擴散，直擴散到群馬縣西部，有些也落定在東京西邊的八王子市，因此八王子的輻射值也很高。

此外，日本政府到十月上旬才公布飛機所測得的輻射汙染地圖，發現東京紅葉名所奧多摩也是輻射熱場。原本災後各界都以爲奧多摩是低輻射汙染區，因避難需要，一度地價上漲，現在則轉爲大暴跌。政府公布資訊過遲，戲弄無數人的人生。

群馬東邊的桐生市雖然距離福島核一廠一百八十公里，但輻射值高達十萬至三十萬貝克，非常恐怖，俄羅斯美術館也因此中止到群馬的展覽。此外，連離福島核一廠二百五十公里的長野縣也測到高達三萬貝克，原本是日本高級避暑勝地的輕井澤或櫪木縣的那須高原，也都遭到輻射汙染。

福島核一廠以南地區，則在茨城縣北部，風一度吹到洋上，後再迴轉吹進陸地，才會連千葉縣西北部也遭汙染。千葉的柏市、流山市以及松戶市等，銫一三四及銫一三七高達每平方公尺六萬至十萬貝克，這兩縣的輻射熱場輻射值達每小時〇・二至〇・五微西弗，柏市西北還超過十萬貝克。其他如東京的東邊幾區，如上野公園所在的台東區，以及葛飾區、足立區、江東區、文京區等，劑量也相對較高，都是令人擔心的熱場。

這些主要是半衰期為三十年的銫一三七的輻射塵，沿著山地擴散，九〇%沉降在樹林枝葉上，又不能把整座山林全鏟成禿山，輻射除汙非常困難。

也是到了九月底，文科省才表示在福島雙葉町、浪江町以及飯館村等六個地點的土壤測出有鈽，雖然非常微量，濃度最高的是浪江町測出的鈽二三八，為四貝克，這是首次在福島核一廠境外驗出鈽。鈽的毒性非常強，不但會致癌，鈽二三八的半衰期為八十七年、鈽二三九的半衰期為二萬四千年，因為質量很重，不容易擴散，現在卻連四十公里外的飯館村都測到，令全世界訝異。

事實上，在文科省公布資料之前，專家及許多研究機構早就公布了汙染地圖，最為著名的是火山地質學家早川由紀夫的早川地圖（見下頁圖），很早就有了詳細的輻射汙染分布狀況，但對於許多不會利用網路的資訊弱者而言，政府不及早公布，就束手無策。日本國立環境研究所也有銫一三七擴散的模擬推測地圖，指出更廣泛的地區都遭到汙染，亦即從岩手縣南部到靜岡縣西部，才會在福島核一廠三百五十五公里外的靜岡茶都超標。

福島核災輻射汙染地圖

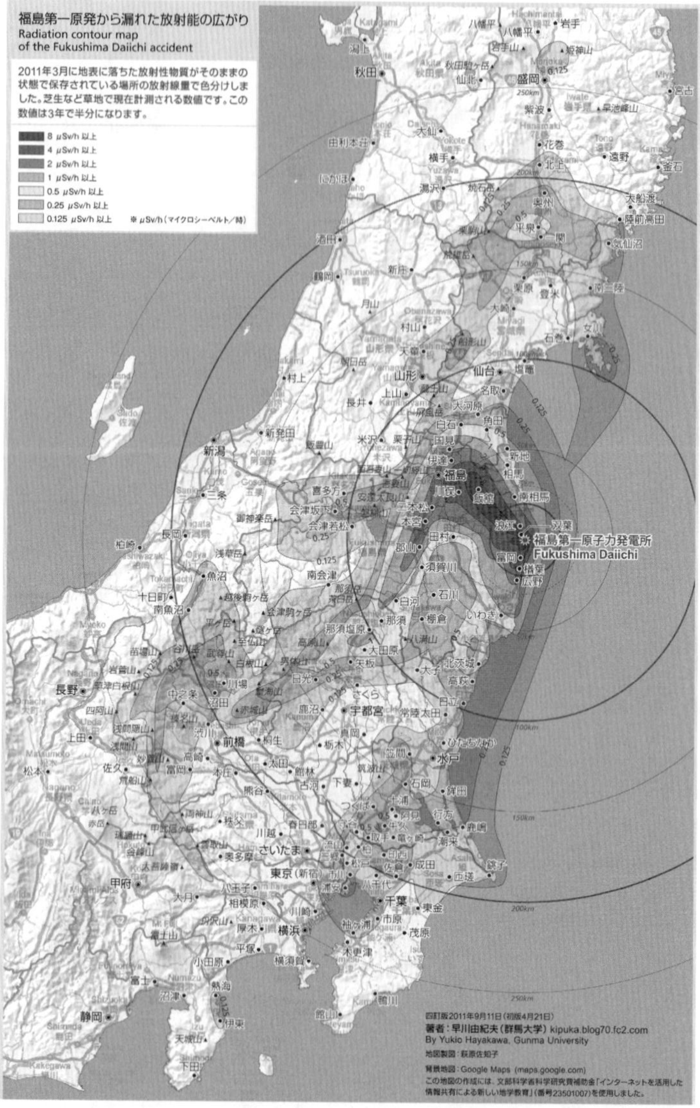

早川由紀夫為群馬大學教授，火山學權威，主要研究火山灰分布。他見政府遲遲不調查東日本的輻射汙染情況，便進行自主調查，於四月二十一日開始公布東日本汙染「早川地圖」，並不定期更新。這份地圖對日本民眾理解汙染狀況，有很大的貢獻。（圖片來源：http://kipuka.blog70.fc2.com/blog-entry-418.html）

日本政府強制三十、四十公里圈內的居民必須避難，但恐怖的事實是整個福島縣及周邊地區的輻射汙染都比台灣醫院輻射管制區域的安全標準還要高，像距離福島核一廠六十公里、人口二十九萬的福島市早已不適合人居住，輻射物質超標十倍以上。日本政府把兒童被曝劑量限度提高至二十毫西弗，十分殘忍，但若不如此改變規定，則整個福島縣的三十萬兒童都得遷移，日本政府或東電都承擔不起。現在，甚至連具放射性的鈷六十（鈷的同位素）都出現了，鈷六十會讓人患白血病的，所有人都遭到看不見的恐怖侵襲，但因為整個核災規模已經大到日本政府無力處理的程度，只好設法把公園等地的土壤挖掉一層，但挖掉的高濃度輻射汙染土根本沒去處，一般居民估計一年要遭二百四十毫西弗的輻射汙染。

注釋：

❶核子反應會產生放射性碘、銫、鍶等物質，其中放射性碘（碘一三一）是唯一能預防的放射性核種。碘片的成分是「碘化鉀」，限於輻射緊急事故發生放射碘曝露時服用，可保護甲狀腺，減少放射性碘的吸收。但碘片對於核子事故發生時所釋放的其他輻射物質並無保護作用。（資料來源：台大醫院輻射防護管理委員會〈防輻知識小百科〉）

第3章

沉痛的預測終究還是成眞了

直到四月十八日，日本原子能安全保安院才首次承認福島核一廠一至三號爐爐內的燃料棒是熔毀狀態，亦即固定燃料棒用的燃料丸也告熔毀崩壞。在此之前公布的是，燃料棒一號機損壞七〇%、二號機三〇%、三號機二五%，而此時首次承認是比損壞更嚴重的熔毀狀態。

其實東電和政府是在三一一翌日就已得知爐心熔毀，但卻隱瞞到五月才承認自己早就知道。

五月十四日，東電及保安院承認，三一一那天下午三點半海嘯來襲後四小時，亦即當天晚上七點半，水面就已經降低十公尺，燃料從水面露出，而在七點五十分時，燃料就已經開始低落到加壓容器的位置，爐心熔毀就開始了。十一日晚上九點時，爐心燃料本身已達二千八百度。十二日清晨六點灌水後，不知什麼原因，加壓容器出現破洞，水位又突然下降；因此在海嘯來襲後的十五小時二十分左右，也就是十二日清晨六點五十分時，核燃料已經大半都崩落在原子爐的加壓容器底部了。東電開始注水，是在爐心熔毀的十小時之後，也就是十二日早上才開始。東電的最初因應延誤落後太多，是核災擴大的很重要原因。

從海嘯到核災，都非意料之外

在震災發生一個月後，地震預知連絡會會長、東京大學名譽教授島崎邦彥接到一封信，是文科省地震調查委員會委員長阿部勝征寫給他的，信中說：「我上次的推算或許正確！」原來阿部在八年前曾推算過明治三陸地震（一八九六年），跟這次芮氏規模九級是一樣的，但因爲當時日本周邊都還沒發生過芮氏規模九級地震，他有點擔心自己是否評估過高，只好改寫爲芮氏規模八．六。島崎讀阿部的信，有很深的感觸，因爲他自己在二〇〇四年也曾提出一個「福島將有大海嘯來」的報告，但政府當局未加以理會，沒有運用在防災對策上。

島崎當時也是著眼於明治三陸地震，指出沿日本海溝，哪裡都可能發生同級地震，從東北到關東將會發生大海嘯，確率是三十年以內二〇%。但當時出席中央防災會議的許多專家表示，即使地震科學上的估測正確，也未必能當防災目標。

地震、海嘯防災的對策是要建堤防、提高設施的耐震性等，非常花錢，因此日本中央防災會議是以「過去反覆發生過大地震的地區，將來發生的可能性也比較高」，來決定地震預測的優先順位。島崎主張福島會有大海嘯來的說法，被認爲優先順位很低。

日本核電的海嘯對策也是沿用「從過去預測未來」的想法，因此在一九九三年北海道奧尻島有大海嘯來襲後，二〇〇二年土木學會原子能土木委員會提出的〈核電海嘯評價技術〉報告，是將福島核一廠設定爲最高五．七公尺，但這次三一一海嘯遠超過這樣的評定。提出此項報告的是東北大學名譽教授首藤伸夫，他自認研究裡雖已運用了過去二百五十年份的資料，仍無法達到完全的預測。

事實上東電曾根據島崎的說法而試算過海嘯高度最高可能達一〇．二公尺，但東電並未根據這個試算來採取任何對策。東電的辯解是：「福島海面附近過去沒有地震，這是居於現實上不可能的假定的設算，海嘯高度與三一一時實際來襲的海嘯高度接近是偶然！」

但因爲有島崎說，中央防災會議在六月時反省了過去至今的假定手法的極限，而將促請政府重新檢討地震、海嘯報告，阿部也將自己的報告修改回最初的芮氏規模九級的推測，而島崎也提出自己在災前所作的侵襲東北海嘯的試算，高度平均十一公尺，跟三一一那天是一樣的。

地震來之前，核電廠就已崩壞

福島核災發生後，雖然東電強調這是超出想像的大海嘯造成，但事實上在海嘯來襲前，一號機的加壓容器及配管，以及三號機的爐心冷卻及緊急系統的配管，都已發生破損，根本等不到海嘯來作怪。即使是因爲海嘯，日本東北海岸過去曾有高達三十九公尺的海嘯，但福島核一廠連十幾公尺高的海嘯都擋不了。事前東電或經產省的原子能安全保安院都忽視了相關最新的研究，沒有作好各種防備，甚至拚命隱藏有這份研究結果，不管從哪個觀點來看，福島核災都是人禍而非天災。

日本政府或核電業者都說「核電廠即使地震來了也不會壞」或「即使海嘯來了也不會壞」，但早在地震、海嘯前，就有許多專家呼籲應重新考量核電廠的耐震性，因爲根本不夠。

福島核一廠的一號機所使用的「馬克一型」是一九七〇年開始使用，已經四十一年了。雖然原子爐的耐用年限不明，但以一般機械而言，四十一年已非常老了。二號爐也很老，是一九七三年的，而且當時生產原子爐的GE因爲訂單很多，加上日方也希望能比較經濟地造爐，因此二號爐雖然發電容量大幅升高，圍阻體卻比較薄。

福島一號爐至五號爐都是用美國GE的馬克一型，此爐的設計者布萊登葆（Dale Bridenbaugh）早已經承認此型的爐是缺陷爐，除了圍阻體強度有問題外，還有許多弱點，像是圍阻體內部構造過度複雜，不管是配管或壓力控制池都在其中，而且圍阻體非常小，只有馬克二號或三號的六成大，維修困難，管線龜裂、零件腐蝕等問題多多。他早在一九七六年就要求GE停止讓馬克一型運作，當時日本有三個、美國有十六個、德國等有十幾個，但GE認為這樣做等於承認馬克一型的錯誤，會影響以後的生意，因此明知危險也還繼續運作，所以布萊登葆便憤而辭職。結果GE共賣了三十幾個這種缺陷的馬克一型，美國現在也還有二十四個。

這次核災，四月初有超標一億倍高濃度輻射水流出的問題，很可能就是二號機的圍阻體或加壓容器破損的結果，其他幾個爐沒這種問題。小出裕章也認為，幾乎福島核一廠所排出的輻射汙染都是來自二號爐。**台灣核一廠的兩個機組跟福島核一廠二號爐是同一時期產品，格外令人不安**。

老爐本身非常危險，因此福島核災發生後，日本律師公會的「日辯連」發表聲明要求「日本是不可能再搞核電了，停止新增設核電廠，至於既存的核電廠，衡量電力供需，從高危險性的老爐開始廢爐」，眞的爲日本人辯護了。現在比福島核一廠一號爐還老、而且也還在運作的還有敦賀核電廠一號爐（一九七〇年三月開始運轉）、美濱核電

福島核一廠四個機組全毀

從南方往北俯瞰福島核一廠全景。

右邊是太平洋，靠海的是核電廠專用碼頭。防波堤內已遭輻射水高度汙染。其左邊一排直直的建築物裡是發電機、冷凝器等的建物（亦即利用蒸汽發電的常規島，包括汽輪發電系統）。再左邊一排四座殘破的建築物，就是這次爆炸的四個原子爐。

北邊（圖中最上方）是一號機，地震後的第二天就發生氫氣爆炸。因為容量最小，最早遭破壞。爆炸後鋼筋構造還算完整，表示建物頂部的牆壁強度不高，設計時便考慮到萬一爆炸能散掉，而不要傷到原子爐。

接著是二號機，因為有一號機的經驗，先在牆壁開了洞，把氫氣排掉了，建物倖免爆炸，因此外觀最為完整。但原子爐底部的爆炸，讓圍阻體開洞，比起其他三個原子爐，二號機釋放出最多的輻射物質。

三號機是被破壞最嚴重的，因為氫爆之後，引發第二次爆炸，爆炸雲煙高達數百公尺，而且也把建物本身炸掉很多。三號機右邊的建物屋頂有一個大洞，就是三號機爆炸時，從高空掉落的大片瓦礫把屋頂砸破。

最南邊（圖中最下方）的是四號機，因為正值歲修期間，爐心沒有在爐裡。雖然問題只出在使用後燃料池，還是難免爆炸。四號機的使用後燃料池的爆炸形式與爆炸物來源還沒有完全確定，但有看法認為是三號機的配管與四號機相通，氫氣流過去造成爆炸，才會四號機的建物低層部分也全毀。

四號機的受損程度還多過於一號機。四號機前面的是超高型灌水車，從四十四公尺高的四號機建物上方為使用後燃料池澆水。

原本日本政府宣稱，四號機使用後燃料池幾乎沒放出輻射物質，可是最近歐美機構表示，四號機費盡千辛萬苦灌水成功後，福島核一廠的輻射劑量有明顯降低，顯示在灌水之前釋放出許多輻射物質。

值得注意的是，三號機的鋼筋扭曲破壞的程度，比起一、四號機嚴重很多，顯示三號機的爆炸形式是不一樣的。三號機的真相還有待此後研究。

（圖片來源：cryptome.org）

廠一號爐（一九七〇年十一月開始運轉），其他跟一號爐同時開始運轉的爐也很多，都讓人捏把汗。

設計和建造錯誤，也都不是意外

福島核一廠是因爲地震而導致所有外部電源全部喪失，即使緊急柴油發電系統也都因爲進水而失靈了。日本各界在災後才發現，當初東電爲了省錢，把所有的緊急發電系統都設在同一處，而且是在渦輪機房的地下室，海嘯一來當然首當其衝。

這樣的建法，是非常違背核電安全的基本原則，而且變更了當初送審的設計圖，其實也是違法的，但都用了四十年，大家也都忘記了。

另一個是福島核一廠妄信福島不會有地震海嘯，所以在建廠時爲了便於汲取海水來冷卻，故意把地基削了三十公尺，讓原子爐可以更接近海面，讓整座核電廠不會高高聳立在高崗上，這也完全違反核電安全。其實這些都是爲了運作上便利與節省費用而做的破天荒的缺陷設計，一旦出問題時，就全部一起爆發，導致無法收拾的大災難。

第4章

善後復原遙遙無期

當福島的災情被提高爲七級核災時，它與車諾比核災的比較，就成爲大眾關注的議題。

日本政府當局過去不時表明，福島核災放出的輻射物質只有車諾比核災的數分之一，國際原子能總署祕書長天野之彌甚至一度想新設「八級核災」給車諾比核電廠事故，以顯示福島核災的輕微，可是現正持續中的福島核災，有越來越多的證據顯示，災情已經與車諾比核災不相上下，甚至部分層面更超過車諾比了。

輻射災變比車諾比更慘重

輻射物質的排放量是核災的基本指標，也一直是日本主張福島核災不及車諾比核災嚴重的最大依據。車諾比核災的輻射物質放出量，據推算是五百二十京貝克。至於福島核災，一開始說是三十三京貝克，後來自動提升為七十七京貝克，約為車諾比的七分之一，但這個數字大有問題。

第一，事實上所有的數據現在都還由東電所掌控，而至今東電所公布的數字絕少有令人覺得合理可信的。單就備受矚目的「銫一三七」而言，日本政府自己公布的排出量等於一六八．五顆廣島原子彈，而車諾比核災被推算為八百九十顆原子彈，一下就接近五分之一而非七分之一。

其次，看地圖就知道，福島面海，它所放出的輻射物質有半數以上會掉落在海裡，這部分如何調查，東電和政府都沒有說明。更令人覺得低估的是流到海裡的輻射物質的算法。最初公布的三十三京貝克，包含了流到海裡的四、七二〇兆貝克。這四、七二〇兆是怎麼算出來的呢？這是四月二日福島核電廠二號機的深井附近發現漏水，流量約達每秒二公升，輻射濃度是一公升五十二億貝克，是所謂超標億倍的輻射水。雖然東電全力圍堵，到四月六日才把漏水堵住，所謂四、七二〇兆貝克幾乎全部是這段時間的數字。

但是福島核一廠在經歷震度六的地震衝擊之後，廠內的水泥地全告龜裂，被發現的漏水只是偶然一大股從深井流入海面，這看得到的部分必然只是所有漏水的一部分而已。

目前東電也還必須往原子爐不斷澆水冷卻，接觸過熔毀燃料的超高濃度輻射水就直接停留在各原子爐的地下，一至三號機都不例外，其總量已達十一萬噸。另一方面，地震後新湧出的地下水也灌入地下。專家指出，原子爐地下的水量，原本遠超過現在的十一萬噸，消失的部分自然就是流入海裡。單單現在停留在地下的輻射水就高達數十京貝克。也因此後來公布的輻射物質放出量七十七京貝克中，流入海裡的部分提高成當初的三倍（一．五京貝克），但其實沒計算到的部分還很多。這個數字符不符實，只好隨想像力去判斷。

車諾比核災在發生十天之後就完全控制住，而福島核災發生後，過了半年還沒有突破性的進展。至今有關當局對三個爐的爐心所在還一無所知，三個爐每天也還在放出輻射物質。進入九月，當局一度宣稱已減爲每小時二億貝克，但因爲毫無根據，被追問了以後，最近乾脆不提了。

最根本的輻射來源，也就是三百噸核燃料，現在下落不明，所謂放出輻射物質的計算，其實不過是期待値，輻射水流失的問題也都沒解決。能確知的是，福島所放出的輻射物質，應當遠超過當局所說的七十七京貝克，而且每天都還繼續大量釋放到自然界中。

輻射看不見，受災程度難以估計

車諾比核災發生時，有三十三位工作人員與消防隊員不幸喪生（當局發表），而有多數的核災處理人員因遭到高劑量輻射曝露，在短期內得不治之病（當局未統計），後來知道是數百人。這一點福島是好多了，但日本政府口口聲聲說「福島核災尚未因輻射而出現一個死者」，這就很難說了。福島核一廠裡已有數人喪生，當局解釋是因爲爆炸或海嘯。八月，有一位工作人員因急性白血病死亡，東電立刻斷定與輻射無關，並拒絕公布包括姓名在內的所有資料。

核災對人體健康最大的傷害在於長期的影響。福島與車諾比的明顯不同在於核電廠周邊的人口密度。車諾比核災後，政府讓半徑三十公里內約十一萬六千人全部遷走，此後更讓半徑三百五十公里範圍內輻射熱場的數十萬人移居；即使依聯合國寬鬆的集體有效劑量（collective effective dose）算法，災害處理人員五十三萬人平均每人被曝一一七毫西弗，白俄羅斯、俄羅斯、烏克蘭等受汙染地區，避難災民十一萬人二十年累計平均每人被曝三十一毫西弗，而居民六百五十萬人，平均每人受到九毫西弗的被曝傷害。

二〇〇〇年四月廿六日俄國在紀念車諾比事故的典禮中，首次承認核災處理人員八十六萬人中，有五萬五千人已經死亡，烏克蘭（人口約五千萬人）被曝者總數約三百四十三萬人，核災處理人員有八六．九%罹患疾病；白俄羅斯有二百二十萬人被曝受傷害，俄國有二百七十萬人受影響。

到了二〇一一年十月二十三日塔斯社報導，烏克蘭「車諾比殘障者同盟」調查，車諾比核災在該國造成一百五十萬人以上死亡，這份調查報告是在四月二十六日就公諸於世。調查指出，烏克蘭國內有三百五十萬人因核災而被曝，其中一百二十萬人是兒童。

日本福島周邊的居民較多，而且跟車諾比核災的輻射汙染分布狀況有明顯不同。車諾比核災因有大爆炸與大火災，輻射物質揮發到比較高的上空，形成範圍廣、散布均勻的汙染。福島核災爆炸的規模相對較小，讓近距離的地區發生高度汙染。車諾比核災的銫汙染最高是一平方公尺三百七十萬貝克，福島則達一平方公尺三千萬貝克。

福島核一廠半徑三十公里的範圍內就有約二十萬居民，八十公里範圍內高輻射值的區域則有將近二百萬人口。但要是比照車諾比核災模式，若以二十年累計平均九毫西弗也算汙染地區的話，恐怕二百公里圈的關東三千萬人大部分都必須算進去，因此前首相菅直人下台後吐露：「最壞曾考慮是三千萬人要避難！」

車諾比核災後因長期遭輻射傷害而喪生的人數說法不一，從數百人、數十萬人乃至超過百萬人都有，而且都是輻射專家的看法。同樣一件事，專家的看法可以差好幾個位數，這可說是核電問題的特色。這個現象在風險、成本計算等問題上皆可見。

福島核災的長期輻射傷害，現在當然還無法確實評估。從日本所謂「御用學者」說的「影響微不足道」，到英國大學教授巴茲比說的「死亡人數可能超過一百萬人」都有，但這都是核災本身還尚未獲得控制之下的評估。

核災所影響的層面實在太廣泛了，農、工、商、學，沒有任何一個方面可以不受極其重大的影響，而每一個負面影響，若不深入探討，便無法窺知嚴重性。在這種情形下，只能說福島與車諾比核災的損失都大到無法計算的程度。

雖說計算損失沒什麼意義，還是要介紹一下官方數字：蘇聯推算車諾比核災的經濟損失換算後是一七．九兆日圓，而日本現在的推算是二三．三兆日圓。雖說兩者的數字都是低估了，但至少可以得知，福島核災的受害規模並不亞於車諾比核災。

此外，日本現在包括食品基準都是硬撐起來的，比起車諾比核災大部分的受害程度已經確定，日本的災情就像潘朵拉的盒子，隨時可能出現令人料想不到的難題。

車諾比核災被定位爲蘇聯瓦解的重要因素，其負面影響可想而知。那麼，福島核災會爲日本帶來多大的禍害？國際發言權與工業產品信用的低下是難以避免的，未來，日本要遊走於美、中之間，籌碼只會越來越少。

現在活著的人都看不到核災收拾完的那天

現在福島核一廠的三個爐、四個池，隨時都還可能出問題，三個爐心不知道跑到哪裡去汙染地下水、海水，而且有幾位員工證言，福島核一廠四處龜裂冒煙，日本政府以及東電得開發新的方法才能收拾，需要幾十年乃至百年的時間。車諾比核災經過了二十五年，還得重蓋石棺，至今還需要三千九百人維持，三十公里圈內至今無法讓人進入。福島要蓋石棺得等五年以上，二〇一一年之內可以做個帳篷般外罩來罩住就很不錯了。石棺每隔二、三十年須重蓋，而且至少要蓋到第三、第四個石棺才行，算起來是百年大工程，現在活著的人都無法親眼看到福島核災善後完成的。

日本政府最近好不容易承認，福島核一廠三公里圈的居民，幾十年內都無法重返家園，一年二百毫西弗的地區則要二十幾年後才可能重返，而一百毫西弗的地區則需十年以上，但這都還是日本政府樂觀的估計，即使除卻核汙染也不知道要把汙染物掩埋在哪裡，而且農林根本無法進行除汙，福島幾乎全毀了。

雖然九月時解除了二十至三十公里的緊急避難準備區，但那只是表示大概不會發生嚴重爆炸而已。周邊居民真的能回去，不知是多少年後的事，尤其土壤汙染現在還不斷在擴大、累積中。法國輻射防護原安研究所調查指出，今後一年間，福島核一廠連遠達西北五十至六十公里範圍，也會持續遭到土壤汙染，而且被曝量是法國人每年被曝安全標準的四至八倍，至於二十公里圈的居民幾乎完全不可能回家了。

前首相菅直人曾不經意地說出「今後二十年無法住人」，許多專家認爲是指三十公里圈內。連距離福島四十公里的飯館村、甚至六十公里外的福島市，都還有部分土壤含放射性碘和含銫的量是超過車諾比強制移居地區，即使萬事順利，精算輻射劑量會大得驚人，降在土壤的銫一三七的半衰期是三十年，長時間對人體以及農作物的影響無法估計。

就算接下來萬事順利，福島核一廠的四個爐要多久才能解體、廢爐呢？建造核一廠一號機的是GE，二號機是GE和東芝，三號機是東芝，四號機是日立。東芝和日立提出的廢爐計畫相差非常多，東芝爲「十年半」，日立則爲「三十年」，而且這些廢爐計畫都是以半年後能順利冷卻爲前提。東芝的計畫是花五年將加壓容器內的燃料棒以及燃料池的用過燃料取出，放在別的密封容器內，然後再花五年，將所有的機器和設備撤走，並改良土地，共十年半，但一般認爲東芝的十年半不切實際。

車諾比核災之後，取出燃料需要十年左右，而最後確認除汙則花了十五年。東芝認爲取出燃料可以只花五年，是認爲可以用機器人遠端操作來搬運，東芝打算由該公司併購的美國西屋來參與，但從災後半年多的發展來看，機器人能做的事其實很有限，還是得靠核電工被曝來作業，事實上高濃度輻射汙染嚴重，進度很慢。

另一方面，跟GE一起提出共同廢爐計畫的日立則認爲「三十年」是很正常的數字，如果非要趕工則另外估計，日立不可能要花費東芝的三倍時間。而且福島核一廠共有四個爐，跟三浬島核電廠事故時的一個爐完全不同，前者會比較費時，但不管如何都要等知道爐內狀況，才能具體提出可行的計畫。

東芝、日立都爲了想賺廢爐的錢而胡亂畫餅，結果在二〇一一年十月底，日本內閣府原子能委員會表示，福島核一廠要廢爐，至少要三十年以上，因爲現在四個燃料冷卻池裡共有三、一〇八束用過燃料棒，至少要等到二〇一五年以後才能取出，然後等到二〇二二年以後，再看能否取出三座爐裡的一、四九六束用過燃料棒。前者其實還比較好，後者早已熔毀不成形，也熔出而下落不明，核電業至今還沒有開發出回收的技術，因此有些部分還要等新技術開發出來才能解決。現在東電想把圍阻體修復，但修復是否還有意義也未可知，各界認爲，甚至「三十年以上」也是過度樂觀的估計，其實廢爐是百年大工程。

核電當局不知道是無知還是永遠天眞樂觀，都有三浬島和車諾比的例子擺在眼前了，還敢說十五年、三十年這種荒謬不可能的數字，至今他們還覺得自己在最擁擠的下班時間搭計程車也是一路綠燈能飛到底，跟那些在目的地苦等的人少說了好幾倍的時間。

福島的廢爐，跟其他核電廠的廢爐不會一樣，一般廢爐有九五%是不必處理的垃圾，但福島核一廠因爲爆炸過，附近建物全遭高度汙染，這些廢爐垃圾要拿到哪裡去丟，是個難題，尤其含鈽的垃圾，毒性至少要三萬年才能消除，有哪個地方願意接受？三萬年前，人類還是舊石器時代的克羅馬儂人，現代人造出這麼多危險且無法處理的東西，對未來的人類如何負責呢？不僅福島核災或許在現代人有生之年都難以善後，眼看著全世界還有無數危爐也可能製造新的災難，如果福島核災能給人類帶來新的警告，促使各國像德國、義大利一樣決定廢止核電，才不枉費當下一百多萬福島人所受的苦難。

福島核災後，各國都有行動，台灣呢？

福島核災發生後，全世界對核電的看法大爲改觀，經歷過車諾比核災的德國、義大利、瑞士、比利時相繼表明廢核，美國雖然歐巴馬總統還想發展核電，但事實上幾處計畫中的核電計畫都告停擺或取消。至於台灣，居然還表示要堅持不放棄核四，甚至在二〇一一年六月，立法院不顧人民身家安全，通過一百四十億元的續建核四預算。此外也沒有要廢掉被國際評定危險名列前茅的核一、核二、核三廠。

最恐怖的是，核電當局毫無根據地說「台灣核電是日本的十倍安全」，明明耐震係數比福島核一廠低，也幾乎是日本核電廠平均耐震係數的一半而已，那何不乾脆學南韓說是「日本一百倍」，吹牛吹得更過癮！

此外，台灣政府雖然打算把五公里的避難規定修訂爲八公里，事實上也沒意義，因爲政府並沒有針對現行五公里圈的避難有任何預防措施。避難圈的三項基本條件是碘片、大量巴士、逃生通路（寬敞的公路）與避難所、精密的風向及輻射物質飛散的風向預測。台灣核電廠五公里圈內的里長只有碘藥水，連碘片都沒有，更遑論其他的準備。沒有這三項，等於船上沒有救生艇，甚至連救生圈都沒有，到時候居民只能自尋活路，必將引起重大社會混亂。台灣核電當局完全沒有要從福島核災記取教訓的誠意與能力，台灣就更可能成爲核災的下一站！

第5章

核電爲何存在？

台灣核電的歷史始於一九五五年六月，行政院成立原子能委員會，國營事業的台電也成立原子能研究委員會，蒐集核電資料，培訓相關人才，而且還與美國訂定〈中美和平利用核能協定〉，開始引進核電。最令人驚訝的是，清華大學一九五五年開始準備在台復校，翌年復校後首設原子科學研究所（現在的生醫工程與環境科學系前身是「原子科學系」，原子科學系的前身就是「原子科學研究所」），而且向美國GE買了實驗爐，開始運轉。到了一九六四年，大學部才設立；清大初期的歷史可以說就是台灣的核電史，即使現在，台灣的核電政策都還是清大核工系所掌握，像原能會主委、副主委，或台電董事長陳貴明等，都是清大核工系，台灣所有人的身家安全是否還要讓半世紀前的歷史陰影籠罩，是很令人懷疑的。

軍購與核電都是強迫推銷來的

一九六四年，政府確立了核電政策，一九七八年商轉的核一廠被視爲國家十大建設之一，寫在國中教科書裡，許多人都背過，然後一九七四年開始建核二廠、一九七八年建核三廠。當時台灣之所以如此加速建核電廠，部分原因在於一九七二年尼克森訪中，台灣擔心在國際社會遭孤立，因此拚命向美國購買武器和核電，想維持與美國的關係。

一開始是台灣積極巴結美國，想取得核電，但一九七九年美國三浬島核電廠事故發生後，美國國內反核運動興起，興建核電廠的訂單相繼遭取消，因此便出口到台灣、菲律賓、南韓以及墨西哥等，這也是台灣核電廠加速興建的原因。

舒茲（George Pratt Shultz）在一九八二年出任雷根政府國務卿之前，一九七五至一九八二年都擔任貝泰（Bechtel）公司的總經理，連長年擔任美國國防部長的溫伯格（Caspar Weinberger）在出任國防部長之前，也一直擔任該公司的法律顧問。貝泰公司在一九七九年與國民黨黨營的中興工程顧問公司合資成立泰興工程顧問公司，貝泰出資六成，中興工程四成。一九八〇年代，這類模式是美國支持威權政府的具體表現，從核一到核四，貝泰都扮演重要角色，透過美國在台協會（AIT）遊說、施壓，泰興專吃大型公共建設，無所不包，除了核電廠外，還有石化廠、天然氣發電廠、捷運、晶圓廠、焚化爐等。

貝泰以「工程顧問公司」之名，總攬四座核電廠的利權分配，由貝泰分發給西屋、GE、東芝、日立、三菱等，初期是向西屋買原子爐、就向GE買發電機，向GE買原子爐、就向西屋買發電機。核四則是先轉給GE，再分包給日本。其他國內施工的部分就由黨營及合資的事業再分包出去，因爲看成是利權而非安全問題，才會層層分包，這是其他國家核電絕少見的奇景。

作家廣瀨隆表示，日本核電業者日立、東芝、三菱重工，在日本沒銷路就開始對台灣出口，台灣日治時代的總督十九人中，有十人是軍人出身，而從這軍人總督家系裡輩出日立、東芝、三菱等企業人士，因此日本的核電業者也跟軍事有歷史淵源。

台灣核電也是爲了國內利權而存在的，因爲有核電廠就有採購，金額驚人，又都是獨門生意，即使透過招標方式，卻弊案屢出。

台灣當初建造核電廠有歷史因素，直到廢核鬆動也都無法擺脫美國的影子，維基解密也踢爆了有位經濟部長去向美國打包票而讓核四恢復動工，成爲歷史罪人。現在福島核災發生，美國因素已經無法當藉口，因爲連美國自己都因福島核災而中斷、取消了數處建廠計畫。

另一方面，ＧＥ也想輕鬆賺錢，所以大玩金融遊戲，核電生意現在只占他們一％的營運，未來台灣是否維持核電，只是對台灣相關利權者有分別，對美國來說是不痛不癢。美國的媒體、評鑑都把台灣核電廠列為最危險級，美國當然不好意思再來要求台灣，尤其台灣的核電廠沒有高速衍生爐，已完全不可能生產核彈，台灣核電當局不能老拿美國當藉口了。

美國是地熱發電大國，即使台灣和美國沒有核電合作關係，也能有地熱的合作關係，或是天然氣發電廠等的合作。

福島核災發生後，美國深刻體認到核災的恐怖，對居留日本的美僑發出八十公里圈避難勸告，直到十月七日才改為二十公里圈，而孕婦等都是三十公里圈。距離東京一百八十公里的濱岡核電廠在六月初關閉，據說其中的一個重要原因是美國施壓，因為美軍相關設施都是在東京到濱岡這一帶，如果濱岡核電廠發生核災，將會出現「東京喪失」乃至「日本喪失」的狀態，等於美國在東亞少了右臂，這是美國承受不起的損失。

台灣也一樣，若台灣發生核災，則不僅「台北喪失」，也是「台灣喪失」，對美國而言，也等於喪失最可靠的戰略據點與盟友，因此如果據理說明，美國是不可能強迫地震國度台灣來維持承擔不起的核電的。

政、官、商、學、軍五方勾結

日本是全世界唯一挨過原子彈的國家，人民對核能是過敏的，而且一九四五年八月，二次世界大戰後，聯合國全面禁止戰敗的日本進行有關原子能的研究。但是一九五二年四月，〈舊金山和約〉生效，原子能研究解禁，美國艾森豪總統一九五三年在聯合國演講時即主張原子能的和平利用，日本國內的氣氛也爲之一轉，警察官僚出身的《讀賣新聞》社長及日本電視創辦人正力松太郎對引進核電非常積極，還當上第一代科技廳長官，也因此被稱爲「原子能之父」。他跟當時被稱爲「青年將校」的國會議員中曾根康弘，在一九五四年毫無預警地讓日本國會通過發展核電的預算，這個時期也跟台灣核電史的開始非常接近。

從一九六五年第一座商轉的東海核電廠（廢爐中）至今，日本已成爲世界第二大核電國。台灣核電當局常會宣傳說：「核電是安全的，日本過去遭原子彈轟炸，也都造那麼多核電廠，日本沒有能源，才需要造那麼多核電廠。台灣也沒有能源，因此要跟日本一樣建核電廠！」而且同爲地震國，日本搞核電有讓台灣放心的作用，日本是最惡劣的榜樣。

到了發生福島核災爲止，日本擁有十七座核電廠、五十四個商轉原子爐，還在興建中的則有兩個、計畫興建的有十二個，並打算出口到越南、土耳其等國。未料發生如此空前的大事故，核電出口因此暫緩。

但是二〇一一年八月，經產省在福島核災的善後工作未見端倪時，卻表明要繼續出口核電，這背後就是一個官、政、商勾結的超固結構，要打破非常不容易。

日本從世界唯一被爆國變成核電大國，主要是自民黨長年推動。核電建設很容易成爲政商勾結的產品，當然也有軍事的考量，以及部分科學家推波助瀾、建構核電安全神話。經產省、電力公司、原子爐廠家、營造商、核能學者等都是，如果加上想要擁有核彈材料的軍方或保守陣營，則是政、官、商、學、軍五大利權勾結五角大廈。

黑心的東京電力公司

東電不僅災前疏於做好檢測、防災，造成外部電源全部喪失的最嚴重危機，核災發生的初期，竟爲了保爐而錯過黃金時間的因應，釀成史上最惡劣的核災，讓數十萬人喪失家園與生活，而且至今東電也還持續隱瞞核災的眞相，任由核災不斷惡化。各界都認爲應該把東電解體或國有化，而且如此嚴重的核災不能到現在還交給一個民間企業來處理。只是，日本到現在還沒辦法徹底處理這樣的黑心企業。

日本政府的主管機關，包括經產省或其轄下的原子能安全保安院等，與東電有著非常嚴重的勾結，尤其核電是產、官、學鐵三角推動的，通產省官員或學者在退休後也都轉任到核電相關產業，如電力公司、電機公司（如生產原子爐或渦輪機的東芝、日立、三菱等），抑或各種原安、核安研究機構，坐領鉅額報酬，加上日本政府全面支持所有研究開發、核電廠用地，以及對居民的宣傳活動，還有地方官民、議員等的補貼及安撫，因此長年下來，日本各地絕少有反對核電的運動，即使有，要擴大蔓延也很困難。經產省自己長年執核電業界牛耳，監督官廳和業者一體化，監督機能當然不全。

福島核災發生之前，早就有現場核電員工向保安院告發，福島核一、核二廠設施內四處都有龜裂，尤其核一廠一號爐根本在地震震度六時就已不行了，但保安院卻把內部告發的信告訴東電，而且連告發者的名字都說，結果核電的各種問題遭保安院和東電封鎖，甚至連知情的福島前知事佐藤榮佐久都無法過問，還遭東電恐嚇，最後追究核電問題的知事還被搞下台。

東電利用來自電費的雄厚財力，培養與行政機關的勾結關係，最明顯的像是災後每天在電視上出現而世界知名的保安院審議官西山英彥，他的女兒在兩年前西山當資源能源廳電力瓦斯事業部長時，進入東電成爲正式員工。另外，也是大推進派的自民黨政治家、前防衛大臣石破茂的女兒也進入東電，甚至日本菅內閣在二〇一一年八月把處理核災無能、讓核災擴大的主管核電的三位主管換掉，換上來的新經產省事務次官安達健祐也跟東電勾結甚深，其女兒也進東電做事，顯見要切斷經產省與東電的關連非常困難。

東電連經產省官員家屬或政治家家屬的就業也都照顧，平時花費大筆應酬費來接待，像上高級俱樂部等，經產省官員對東電予取予求，對東電的要求當然也得全盤吞下，不斷對東電的增建核電廠或電費漲價一一予以批准。甚至有許多安全審查的資料都是東電製作好，套上經產省名字並由東電印刷，勾結的程度之深令人傻眼。

此外最嚴重的是，經產省、文科省、財務省、外務省等主管核電相關業務者或警界公安官員，在退休後都轉任到電力公司去當電力公司的層峰或顧問，每年坐領一千萬日圓以上乾薪。經產省次官以及資源能源廳長官退休後，「按慣例」都能去當東電副社長。其他局長、審議官等也都能去關西電力或其他電力公司擔任顧問或高級主管。這些錢都是來自電費與政府的補貼，現在東電連福島核災都賠不起，卻還照養那麼多閒差的退休官員，就是為了讓這些退休高官代為打點各官廳，過分的程度令人瞠目。

也因此，雖然在災後各界認為應該把東電解體，或改為發電、送電分離，讓日本電力自由化，但以目前這樣的勾結關係，要實現非常困難。

核電業者球員兼裁判

世界各國核電業界的一個很大問題就是幾乎都是球員兼裁判，也就是主管單位、事業單位、監督單位以及研究檢定單位等都混為一體，相關人才都在很小的圈子裡流動。在台灣，更是幾乎只有特定科系或特定事業相關人士在出任。核電當局總強調這是因為核電的專業性，但事實上背後有著龐大的利益，以及因此會出現許多不可告人、需要隱匿的事宜。

福島核災後，除了日本國內對這種混淆關係無法忍受，國際原子能總署在二〇一一年六月也提出勸告，因此政府已經決定把經產省所屬的原子能安全保安院切割出來，跟內閣府的原子能安全委員會統合成一個新的主管機關，新的機關希望成爲跟美國核管會（NRC）一樣強有力的組織。若沒有如此慘痛的核災，就不會有改變，而要改變勾結結構的一小部分，居然要付出那麼大的代價。

台灣的問題又是另一類，台電一方面已經成了超巨大的國營事業，員工二萬六千人，原能會和台電的關係就像病弱婆婆和惡霸媳婦般，原能會管不住台電，再加上不管原能會、台電高層都是清大核工系出身，全是一家人，確立了一個封閉的以專業爲名的特殊獨裁體，要確實監督很困難，就讓這幾個人決定台灣的命運，是非常怪異的型態。

自二〇一二年元旦起，原能會將裁撤併入科技部，改設「科技部核能安全署」，雖說能整合原有國科會內防災單位的資源，但二級單位降爲三級單位，原本無力稀薄的核安管制機關，其獨立性與機能更令人擔憂。

核電獻金源源不絕

核電業者爲了吸取每年二兆日圓的核電錢，不斷捐錢給擁核的自民黨，許多自民黨系的地方知事，如北海道知事高橋春美後援會或政治資金都是北海道電力提供的，其他許多核電縣如佐賀縣、福井縣等，也都是電力公司的政治資金最爲突出。執政的民主黨也不甘示弱，出現了擁核國會議員想來分杯羹，像前經產大臣海江田萬里本身就是核電族議員。

但除了政黨或地方知事的政治獻金之外，其實還有政治家個人也都伸手去分核電肥水，其中最著名的例子，是一九六六年幫田中角榮當白手套而轉賣柏崎刈羽核電廠用地的刈羽村村長木村博保。他在二〇〇七年柏崎刈羽核電廠發生輻射塵及輻射水外洩事故後出面告白，當年他被田中假借名義，把沙丘地轉賣給東電當核電廠用地，轉手賺了四億，由田中的老管家直接把現款送到東京目白的田中家裡。

田中更在自己擔任首相時，通過所謂的「電源三法」，提供補助以及各種建設給接受核電的窮鄉僻壤，來推進核電，每年從國庫撥出天文數字的金額來補貼、宣傳核電，而他自己及核電官員、業者再去吸取這些補助，核電完全利權化。田中角榮因此每年從核電自動獲得許多回饋進帳，他在過世時，留下了六百五十億日圓的財產給女兒田中眞紀子。

因爲從國庫及業者生出來的核電錢驚人，由此衍生的核電相關組織也很驚人，有人數高達四千人的「日本原子能研究開發機構」，以及「原子力安全基盤機構」「電源地域振興中心」「日本原子力產業協會」「海外電力調查會」等數不清的組織，這些都是讓主管官員退休轉任、分配利權用。

用核電救濟夕陽產業

核電廠只要新建一個原子爐，就至少是四千億日圓的生意，於是便有許多業者群集來吃這筆錢，像是爐心業者的東芝、三菱重工、日立等，其他廠房建設則由鹿島、大成、清水等大營造商來分食，此外還有用地對策費等肥水下放，接受核電的地方鄉鎮大興土木，也是營造商的另一塊餅。

日本在核災之前，原本預定到二〇二〇年要新建九個爐，到二〇三〇年要再增建五個爐，共有十四筆大生意，對這些厚重長大企業來說是一大利權。這些企業在日本經濟高度成長時期，不斷靠著公共建設而占有財經界的層峰地位，但後來日本面臨結構性不景氣，這些企業成爲夕陽產業。其中，清水建設轉往新興國家去設立現地分公司，免遭淘汰，而原本傲視群雄的東芝，半導體市場爲台灣、韓國等國家奪走。金融海嘯後，日立受困於鉅額赤字，三菱重工也爲設備投資低迷所苦。現在又遭逢福島核災，眼看著十四筆大生意泡湯。

但這些業者依然霸住財經界層峰不放，跟日本國內七、八成希望廢核的民意相反，不斷倡導要恢復核電廠的運轉。跟這些已喪失實力的巨頭唱反調的，則是現在日本首富的軟庫社長孫正義以及樂天集團的三木谷浩史等後起的經營者。

核電廠因爲是採取總括原價方式，原價（成本）越高，就可以確保越高的利潤，跟公共工程模式一樣，都是吃人民的稅金，而且現在也毫無反省地準備去大賺福島核一廠高達數兆日圓的善後及拆爐費。

經團連會長米倉弘昌不時恐嚇執政的民主黨及人民說：「若不依賴核電，國內產業會相繼出走，無法確保國內就業機會，經濟就會停滯！」但核電原本是最貴的，產業出走的原因是市場以及日圓大幅走升，根本不是核電的問題。這些夕陽產業都無法放棄高度經濟成長期輕易吸吮稅金的滋味，更讓人覺得至今日本的許多政策都只是爲了養這些不長進的大財團、企業，犧牲了人民基本的身家安全與幸福。

學者、媒體、名人被收買，輿論造假

東電財大氣粗，也對知名大學如東京大學、東京工業大學等，散發大把銀子，有的金額甚至達十幾億日圓，用「捐款講座」等來包圍學者，像東大的「建築環境能源計畫學」講座是連續七年都捐助，由東電的營業部長柳原隆司擔任特任教授，另外也找了東芝、三菱等核電業者或經產省核能官員去當特任教授。這些御用學者或核電業界出身的學者，在災後不時出現在電視媒體上，對人民說：「沒事！」「沒問題！」「當下對健康沒影響！」等，因此經產省根本不可能對東電開刀。東電即使再怎麼犯錯，也都在日本政府的庇護中，不但獨占而且從未面對競爭。

曾出面告白悔恨的大阪大學名譽教授住田健二，曾擔任日本原子能安全委員會副會長、日本原子能學會會長。他承認，搞核電的人都自閉在一個核電社區，眞的就是外界所說的「原子力村」，接受著優渥的研究資助，自己的學生就業也都沒有問題。

爲此，這些原本應該堅守中立的學者，屈服於核電業界的壓力。住田舉了一個例子，阪神大地震後新的核電耐震基準，爲顧及核電業者補強的費用，拖了十一年才訂出來，讓業者得以偷跑十一年，等於已經不顧人民安全十一年，而且對於耐震，是以保爐爲重點，對海嘯根本沒多想，只以七十六個字輕描淡寫帶過。在新基準訂定的翌年（二〇〇七年），新潟越中地震引發柏崎刈羽核電廠事故，變壓器起火、輻射物質外洩，迫使電力公司在二〇〇八年依規定進行補強，但也相當有限。福島核災之所以會如此嚴重，多少可說是未記取柏崎事故的教訓，這是人禍，而非天災，該說話的學者專家沒有堅持專業，才會造成無法收拾的局面。

擁核的核電相關大學教授、學者和研究者，被稱爲「原子力村」，已成世界聞名的稱號，還有固定的英譯（[Japan's] Nuclear Power Village），亦即擁核的核電學者部落，狹義而言是二、三百人，但若連文部省外圍的研究機構如「日本原子能研究開發機構」或業者相關的核電研究機構全算在內，則達數千人。

這個村子的排他性很強，對反核的核電學者剝奪其研究資金、升遷機會、出席國際學會機會，以及其學生的就業機會，像現在全日本最受尊敬的反核四十年的京都大學原子爐學者小出裕章以及他的五個研究夥伴，因為不屈服，只能堅守京都大學原子爐研究所，那個實驗爐是在熊取，因此遭打壓的六人被稱為「熊取六人幫」，小出也因此當了萬年助教。但他和他的夥伴現在是日本人最相信的學者，因為其他學者大多遭到利權汙染了。

日本政府以及核電業者長年來花費了大筆媒體對策費（如公關接待費、刊登廣告費等）來收買媒體，對人民洗腦表示核電是安全的，而且在核災發生之後，至今所發表的許多言論也都是謊言，延誤了核災善後的時效。

政府或核電業者的手法非常多，例如村上春樹特別指出，東電花了大把銀子去收買媒體，不僅提供廣告，請多位主播當東電代言人，建立東電的權威，也不斷在高級料亭和酒廊招待媒體記者、總編輯、報社高層、主播、製作人，甚至每年舉辦到中國的旅行。像三一一當天，東電董事長勝俁恆久便是帶了二十幾位媒體人訪問北京，也預定在十二日與中國高層見面。過去也有多位國會議員接受過類似的安排與招待。歷任東電社長、董事長都是因爲能與政界和媒體維持良好關係而掌權的，絕少有懂電力或核電的專家。東電靠著這種關係呑噬國家稅金和人民電費到現在，卻還繼續欺瞞而任由核災災情擴大。

核災發生後，東電賠不起的部分，都要靠國家的稅金來賠，日本政府要求東電裁員以及精簡支出，但東電卻死也不肯刪減二百五十億日圓的媒體對策費，而且在核災發生後一個月，還照樣用了二十幾億日圓的媒體對策費，許多名人如勝間和代及北野武等，果然都出面幫核電說話，勝間說：「車諾比核災不過是幾個小孩子甲狀腺有點問題而已。」完全是別人家小孩死不完的心態，遭到日本社會嚴厲的批判。北野武後來告白自己是拿了錢而說不該說的話。

其他遭收買的藝人和文化人非常多，例如著名的例子是摔角選手安東尼・猪木爲青森知事選舉站台事件。最初是主張核電應凍結的候選人拿了一百五十萬日圓來拜託猪木，猪木答應去站台，但擁核候選人的電氣事業連合會（電力公會）表示要給一億日圓，猪木便慌張地退了一百五十萬日圓，而改去幫擁核候選人站台了。電力公司財大氣粗，用鈔票砸名人的臉頰非常簡單。

幾位大師也遭核電收買，例如日立原子爐開發出身的大前研一，在災前三個月才剛斥責日本媒體對核電監督過嚴，讓核電廠運轉率只有六成實績，不利出口；堺屋太一曾爲中部電力公司在工商界成立用來擊潰反核的祕密組織；其他如漫畫家弘兼憲史長期跟東電合作而透過漫畫和演講宣傳核安，獲得巨額廣告費和稿費。東電也曾委託漫畫家三浦純，四格漫畫的稿費高達五百萬日圓，但三浦覺得這是要他出賣靈魂，就拒絕了。

不僅輿論是用錢製造出來的，民情也是僞造的，許多接受核電的民調，後來發現都是假的，最近九州電力公司爲了讓玄海核電廠運轉，大舉動員員工冒充一般民眾，發出「支持核電廠」的電郵被揭發，這已經是電力公司長年慣用的手法。

福島核災發生後，台灣也有節目主持人或學者或自稱專家的人，幫台電淡化核災，或是強調要堅持核電路線，否則得回頭去擁抱燃煤。拿這種三級跳的邏輯以及「核電減碳」的謊言，抑或「核電災變發生率比車禍低」等荒謬論調來大舉擁核，因爲十分露骨，非常容易分辨。

大眾被洗腦，原子小金剛形象深入人心

原子小金剛是Atom，就是原子，而他妹妹是核燃料的鈾，弟弟是放射性元素鈷，現在這個古典動漫人物都還殘留在日本人、甚至亞洲人的腦海裡。

手塚治蟲是在一九五一年創出原子小金剛的角色，當時是「原子大使」的配角，有雜誌《少年》（光文社）主編向他提案把原子小金剛獨立出來，於是「鐵腕原子小金剛」漫畫就在一九五二年誕生，手塚原本就對科學漫畫有興趣，對於有關原子能和平利

用的企劃一拍即合。原子小金剛與核電的關係並非偶然，一九五三年，美國艾森豪總統提倡原子能和平利用，一九五四年，當時擔任國會議員的中曾根康弘，以及《讀賣新聞》社長正力松太郎，讓日本國會通過了發展核電的預算。前此二、三年，他們就跟美國中情局（CIA）等有密切連繫，篤定要在日本推動核電了，除了當時認爲核電是進步的，也有想擁有製造核武能力的野心吧！

後來當上首相的中曾根，在三一一後曾爲推動核電表示懺悔。他在接受訪問時，承認原子小金剛動漫是宣傳工作的一環，目的是讓日本人從兒童到成人遭洗腦。原子小金剛是正力和中曾根等人所推進的「原子能和平利用」的象徵，臉蛋可愛的小金剛，體內懷有超小型原子爐，四處飛翔，擁有十萬馬力，有時達一百萬馬力，爲正義而戰，人們的腦海從小就被烙印，認定原子能會帶來輝煌美好的未來。至今，許多電力公司都還用原子小金剛來讚揚核電，像福島核一廠附近鄉鎮都有「原子小金剛壽司」，核廢料處理設施集中的六所村附近，也有「原子小金剛洋品店」等。

事實上，核電是汙染環境且威脅人民生活的落後玩意，因「鐵腕原子小金剛」而奠定地位的手塚後來也很後悔，他在車諾比核災發生後的一九八九年，曾再三表示自己是反對核電的，拒絕了跟核電相關的宣傳，也曾寫過「原子小金剛被罵：『不要把死灰降在我們身上！』小金剛悲哀地喃喃自語說：『我一直自以爲是正義的化身』！」但小金剛的確一路爲核電宣傳，手塚的公司曾出版過用原子小金剛來專門宣傳核電的漫畫，因此也有人把手塚列為核電A級戰犯，這讓手塚迷非常傷心！

地方對核電廠形成依賴，喪失自活能力

核電廠因為不安全，而且平時就會排放出微量的輻射線，因此都硬塞給窮鄉僻壤，靠著大把不須經過國會審查的特別會計撥出的地方補助費，來收買地方的行政首長和議員等，補助費腐蝕了地方、撕裂了地方，建造了許多金碧輝煌卻跟地方田園、海濱景色不相容的設施，例如游泳池、圖書館、美術館等，甚至像北海道的泊村，電力公司給每個人發放電腦，購屋時每人送二百萬紅包等。泊村的二千人口，每個人分到的核電利權至少三千萬日圓以上，但也因此出賣了北海道五十萬人的生命安全及身家財產。

原本從事農、漁業的小鄉鎮，一旦讓核電廠進駐，接受補助幾年之後，就失去捕魚種田的能力。而且核電廠帶來數千工作人員，其中大部分是外地來的臨時工（核電吉普賽），地方鄉鎮的人有些進入核電廠當工人，有些經營小餐廳、小旅館。沒有核電廠，鄉鎮的人就無法生存，而且補助或固定資產稅、事業所得稅等不進來，沒錢可用，地方行政首長發慌，因此即使發生了福島核災，也還有像九州電力的佐賀縣玄海核電廠所在的玄海町町長或佐賀縣知事願意恢復核電廠運轉，只是當時首相菅直人突然表示要進行耐壓檢查才行，因此暫時還沒恢復。

台灣地方鄉鎮的核電零依賴

台灣的核一、核二、核三建廠時，都還是戒嚴的威權時代，是根本沒有取得地方的同意就逕自興建了。核一廠原本一九六六年要於後來核四所在的貢寮興建，但當時的鄉長洪進添反對，拒絕土地遭接收，不過他一個人反對沒用，將反對案提交鄉民代表會表決，十一人中有七人贊成反對案，這在戒嚴時期算是相當有勇氣的抵抗，於是核一廠就改到金山。

台灣和日本不同的是，台電沒有花力氣來收買地方，這也是台灣核電比較容易廢止的很幸運的一點。台電隨便在貢寮辦個電器抽籤晚會，就對媒體宣布貢寮居民答應，而送給核電廠附近居民的是日曆、扇子而已，頂多邀請關鍵反對者去美、日參觀核電設施，連路都懶得修，也不賠償漁業權等，壓根兒沒把居民放在眼裡。台灣的利權分贓結構還不像日本那麼社會主義化，日本是連底層居民也都打點得很好，讓居民吸食「核電鴉片」，無法脫身，而台灣核電只滋潤特定的利權階級，跟居民無關。除了核電依賴率很低之外，這是台灣能輕易廢核的另一個主因。

幸虧有貢寮人抵死反抗核四，一度能告停建，這是非常重要的，否則在福島核災之前，可能核四已經先出問題了。如果沒有貢寮的反抗，讓台灣人驚覺核電廠不是可以隨便建的，或許經濟部還會繼續在台西建核五，或眞的在既有核電廠裡大舉增設原子爐。

「核電等於核武防衛力」的迷思

因爲核電用過燃料裡含鈽，可作爲核彈原料，有人認爲擁有核電廠可以讓國家同時具備製造核武的能力，但事實並非如此。製造核彈所需要的是鈽的同位素鈽二三九，這是鈽裡面成分最多的一種，但是一般發電廠所使用的輕水反應爐所生成的鈽二三九中，約有二〇%是鈽二四〇。

鈽二四〇比較不穩定，會引發核彈提前爆炸，所以核彈所使用的鈽當中，鈽二四〇的比例不能超過一〇%。但由於目前人類的技術還無法把鈽二四〇從鈽二三九裡分離出來，因此一般發電廠的原子爐所生出的鈽，是無法用來製造核彈的。鈽二三九的含量若超過九〇%，這種鈽就稱爲「武器級鈽」，其資料幾乎是不公開的。

要讓鈽二四〇不超過一〇%，必須使用黑鉛爐，例如法國「超級鳳凰」和日本「文殊」的高速衍生爐，可以生產九九%以上高純度的鈽二三九，南韓也因此對用過核燃料再處理事業非常執著。南韓要是能比照日本模式，對用過核燃料再處理，就能以「利用再處理後抽出的鈽」爲由，建造以MOX爲燃料的高速衍生爐（MOX燃料是將鈽和燒剩的鈾分離回收而加工製成，製造過程本身非常危險，燃燒MOX也很危險），進而取得高純度的鈽二三九。

根據物理學家槌田敦的研究指出，日本目前已停機的高速衍生爐「常陽」裡有純度九九・三六%的鈽二三九，二十二公斤；「文殊」裡有純度的鈽九七・五%，六十二公斤。將這些鈽經過再處理工廠抽出，可以製造三十顆核彈。

發展核電等於綁炸彈在自己脖子上

台灣在核電發展初期，多少也期待核電副產品的鈽有製造核彈的可能，尤其中國在一九六四年首度核試爆成功，讓台灣大為緊張，因此一九六八年成立中山科學研究院核能研究所，並在一九七三年從加拿大進口重水爐。重水反應爐的副產品如鈽、氚（Tritium）比一般商轉輕水爐還多，這些副產品可能用於生產中子彈、裂變式原子彈、聚變式原子彈等。不過該研究所副所長張憲義後來逃到美國，在美國證言曾研發核彈，因此這個原子爐遭國際原子能總署閉鎖，而用過燃料及重水都被運到美國。該研究所也移交給原能會。

由於有過這段紀錄，台灣既無法建造再處理工廠，也不可能建造高速衍生爐，核電廠使用後燃料所含有的鈽，沒有製造核武的可能，擁有核電廠反會成為攻擊目標，形成國防上的負擔。

前東芝核電工程師小倉志郎曾經對我說：「只要有點高度、夠力貫穿屋頂就行，從高處掉到燃料池裡的炸彈或固體，將導致用過燃料棒的破損，或脫離原來固定位置，出現核反應，亦即燃料池形同毫無遮掩的原子爐。所有核電廠從一開始就沒假定燃料池會發生核反應，池內外沒有能阻止核反應的設備，萬一出事將束手無策！含有劇毒鈽的用過核燃料，量本身驚人，如果發生核反應，則大量中子線四溢，廠內人員將曝露其中，也可能因水蒸汽爆炸而引起整個核島爆炸，非常恐怖。只要核電廠有燃料冷卻池，等於擺明告訴敵人進攻這裡就好。」

他也指出：「福島四號燃料池已告訴世界，用過核燃料的危險甚至超過原子爐，人類只有停止核電，才能免於遭受致命攻擊。擁有核電，等於脖子上掛很多炸彈的自爆恐怖份子，或許這樣別人不敢接近，可是也等於自己在境內裝了核彈，而按鈕卻在敵人手裡，沒國防、安保可言！」

第二部分

台灣必須廢核的10個理由

安全必須是執政者的第一考量，不管危險的機率看起來有多低，不能當作沒有，我用我的安全哲學，說服了反對人士。

——施羅德，德國前總理

理由1

核電不進步、不是高科技

核能發電和火力發電的結構，都是把水燒熱，然後利用水蒸汽來轉動渦輪的羽根車（扇葉），再接上發電機發電、送電。不管核電或火力發電，都不過是一種巨大的熱水器而已，也有人稱爲大水壺，不同的只是用的原料——火力發電燒石油、煤或天然氣，而核電燒的是鈾。

核電業者或專家長年都在自己的圈子裡搞黑盒子作業，受盡保護，而且分類過細，因此每個核電專家對核電的認識有限。甚至三月十二日第一次氫爆在電視鏡頭前發生了，還有學者謊稱這是原子爐有爆炸瓣，是故意搞的爆炸，這不是當眾說謊，就是其實對核電本身理解很少。

核電其實是相當原始、低科技的

核電的各種神話，在福島核災後全面崩潰。安全神話、經濟性神話、和平利用神話、乾淨神話，這些幻想都已不復存在，各國擁核人士也不敢多提了。但是說到廢核，這些人總是同一個反應：「說來說去，核電還是只好搞下去。」

這種理所當然的樣子，讓親身經歷核災的一般人滿腦子問號。日本乃至世界，核電關係人士大抵有一個過時的幻想，就是「核能是最先進的科技、最高級的能源」，不管核電多危險、多花錢，不管需要多少人犧牲被曝，「為了人類的將來，核電是必須的」。

人類文明發現化學反應現象，享受了很大的成果。一九三八年發現核反應現象，並發現能發生很大的核能。雖然核能的第一個驚人之舉，是瞬時毀滅一個城市的原子彈，倒也達到誇示力量的目的。二次大戰後很長的一段時間，不只科學家，一般人也把核能視為通往美好未來的車票。

其實核能不是那麼特別或稀奇的東西，而是不時瀰漫在我們身邊的，像太陽光本身就是不折不扣的核能，而這次引起福島核災的地震，也是一種核能引發的。

核反應現象有三種，最主要的是「核融合」，一般在恆星內部發生，太陽光就是核融合產生的能量型態之一。第二種是「核分裂」，就是核電廠原子爐裡發生的反應，它的效率沒核融合那麼好，但依然生出巨大的能量，其中有三成化為電力。

第三種是「衰變」，比鐵重的部分原子，或是吸收了中子的原子，它們的原子核因為有多餘的能量，處於不穩定狀態，必須吐放出一些粒子以達到穩定，這個現象就是「衰變」，衰變不像前兩個反應那麼轟轟烈烈，但畢竟是釋放能量，還是會產生熱。地球本身的發熱，大部分就是這個「衰變熱」，而地熱的對流，會拉拖陸塊互相衝突，引起地震。

輻射汙染的惡魔之火

這樣看，這個世界上的物理、化學反應所引起的現象可說是微不足道，核能才是掌管宇宙的主人翁，基於這個觀點，有些反核人士說，核能是「神之火」，是神的領域，人類染指核能，必遭天譴。巨大到人所不能駕馭的核能，讓人有這份敬畏是很自然的。但另一方面，因為核能被譽為「神之火」，反而讓搞核能的人抱有過分的憧憬與挑戰的欲望。

把核電說成「神之火」，未免太恭維它了。從意義上來說，與其說核電是神之火，不如說是「惡魔之火」更恰當。核融合反應讓太陽發光，孕育萬物，是宇宙的基本現象；但原子爐裡發生的核分裂反應，是非常特殊，在自然界裡幾乎不會發生的現象。

爲什麼「核融合」可以產生能量，而「核分裂」也會產生能量呢？這個現象必須大致說明一下。恆星誕生時，大部分的成分是氫氣，當質量多到一個程度，內部的高溫高壓足夠讓兩個氫原子結合成氦原子，這個反應帶來巨大能量，讓恆星發光。

當氫全部變成氦以後，氦會繼續發生核融合反應，變成更重的元素，而只要溫度夠高，這個反應會一直繼續到鎳五六。可是核融合反應會產生能量的，但在此之後的核融合反應反而會消耗能量，於是大部分恆星也就在這裡停止核融合反應，失去光輝。

不過，比太陽大九倍以上的恆星，最後會來一個迴光返照。因爲它的溫度太高，讓鎳五六也開始繼續反應，這樣內部能量開始被奪走，溫度降低，無法支撐恆星自己的重量，於是星球開始崩潰、塌縮。這個過程非常的快，引起星球中心溫度劇烈上升，導致整個星球的反彈大爆炸，這就是超新星的爆炸。現在地球上包括鈾等重元素，都是在這個過程所生成的。

原子爐裡的核反應，基本是放出中子，撞擊鈾二三五的原子核讓它分裂。這時釋放出的能量，就是人類現在所謂的核能。可是，這個能量是哪裡來的呢？超新星爆炸時，鈾把星星臨死時釋放的能量用核融合的方式儲存起來。由中子撞擊，讓它分裂，提取能量，可以說是把鈾在超新星爆炸時撈的國難財，用中子去提現。這個過程形容成「神之

原子爐運轉一年的耗費與排出

（假設發電容量每小時100萬千瓦）

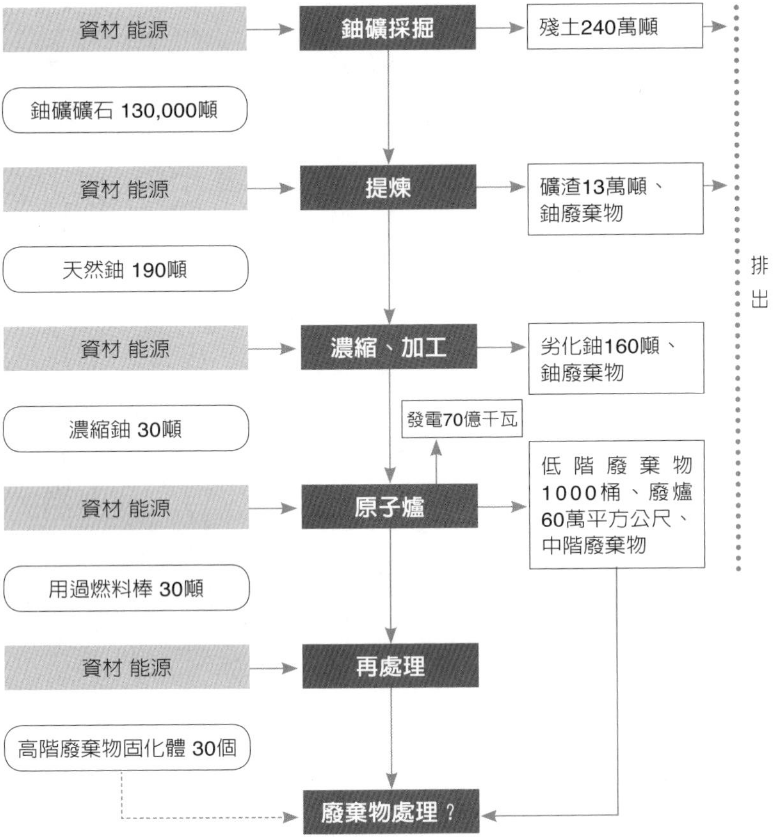

火」，貼切嗎？

核電的核反應，除了生熱以外，還生出大量的鈾二三五被撞裂的原子，這些新生原子都還擁有未釋放的能量，處於不穩定狀態，必須經過「衰變」過程才能安定下來。衰變所釋放的能量，就是會傷害人體的輻射物質。此外，原子爐裡最多的成分鈾二三八會吸收一個中子，變成鈽二三九。鈽二三九被譽爲毒性最強的物質，它的原名Pluto是掌管冥界的冥王。

把那些以核分裂方式跟核能打交道的人，比喻成與惡魔打交道的浮士德，一定比較符實，核電的火從意義上來說正是「惡魔之火」。「核電是接近神的管道，是人類的希望。」擁有核電的國家已經紛紛從這個幻想覺醒了。人們越來越明確認知到，核電是魔鬼發行的通往地獄的車票。

半世紀都無法解決的核電技術瓶頸

核反應發現至今七十餘年，一開始人類對它有所期待是可以理解的。但現在我們已經知道，核能除了拿來做炸彈外，實在不優秀。核電從軍事起家，發展至今快六十年了，技術上一直沒有根本的改善。

核電是製造核彈的周邊產品，幾十年來業界都只是想如何讓核分裂連鎖反應有效率的持續下去，亦即讓核燃料棒中具有核反應性的鈾二三五不斷反應下去，以提升這個分裂生熱的效率爲最高課題，卻不管核反應的其他後果，像是燃料棒裡鈾二三八本身不反應，卻會吸收核反應時產生的中子而變成劇毒的鈽，鈽二三九的半衰期長達二萬四千年。鈽的處理問題至今無法解決，也毫無進展，而且眼看著未來也無法解決。

像這次核災發生後，所有的因應措施都非常低科技，世人赫然發現，核電業者連美、法等在內，對核電本身理解有限，像福島核一廠的三個爐心至今仍不知道熔出到哪裡去，估計要等五十至一百年發明了新技術，才有辦法收拾。

核工科班出身的前東芝核電工程師小倉志郎表示：「半世紀前，在大學核工系都只教如何讓鈾二三五連續分裂，其他的部分好像都不存在般，但現在大學核工系也還是一樣，因爲他們的老師沒學過、也不研究剩下的鈾二三八要如何善後！」核電原本就是武器衍生的，所以從未想過善後的問題，擁核的人是至今還停留在半個世紀前的化石。

只要核電廠在運轉，就有許多人持續被曝

核電廠裡的工作，基本上有兩種，運轉與維修，一般出現在媒體的影像是，有輻射遮蔽功能的控制室，工作人員在清潔光亮的滿牆儀器前，控制原子爐的分裂反應；這是運轉工作，只是核電廠工作的極小部分。至於直接在爐邊，在核電廠裡與輻射對峙的維

修檢查人員，才是眞正的核電工作者。

對核電廠的第一線工作人員來說，比較大的危險是定期檢查，亦即歲修，因爲大部分的檢查工作，都是在超高輻射值的原子爐邊進行。一九九一年，二十九歲的島橋伸因白血病過世了，他的工作職責是檢查原子爐下面的中子測量器。一九八八年歲修時，他在濱岡核電廠停機兩天後，輻射值還高得可怕時，就鑽到爐底去檢查。當時他不覺得這有什麼關係，但一九八九年他開始發高燒，並全身出現血斑，抗病兩年後過世。

島橋伸是中部電力公司二重外包後的公司所雇用的，當他的遺屬申請「勞災」時，中部電力公司居然出面阻撓，後來因爲證據十足，法院認定是因輻射被曝而得白血病，算是勞動災害。

日本全國有數以萬計的核電工被迫曝露在高輻射值的環境下工作，這是現在進行式的現實。被曝的症狀不只是癌症和白血病，還有免疫機能的破壞、內臟的損傷、原因不明的全身倦怠（被稱爲「核電遊手好閒病」）等，但跟島橋伸不同的是，他們大多數人無法得到任何賠償。

要在核電廠工作，本來必須先接受「教育訓練」，但讀過堀江邦夫寫的《核電吉普賽》的人就知道，許多核電工並沒有上過這個課程。擔任多年核電工頭的平井憲夫也說：「教育訓練的目的，不是教你怎麼在輻射環境下保護自己，而是讓你覺得輻射一點都不可怕的洗腦。」爲什麼會變成這樣呢？

從島橋伸的例子可以知道，實際上的維修作業是不被曝就無法進行的，而且工作現場常常是四十至五十度的高溫，很難一直戴著保護用的眼鏡和口罩工作，雖然每個人身上都帶有輻射測量計，但在輻射值高的地方，有時僅幾十秒就會到限度了。在這種情形下，主管就會來放寬輻射的劑量限度，或乾脆把輻射測量計拿掉。

核電工因爲作業環境特殊，一定需要有經驗，但因爲輻射劑量會累積，有經驗的人很快會被換下去，沒有傳授經驗給新人的機會，而新人一開始受的教育，只是爲了隱瞞輻射危險的教育，自然無法讓工人得到眞正的知識與技術。整個核電廠的維修工作，其實都建立在這個生疏與錯誤認知上。核電的危險自然也是核電工，乃至全世界的危險。

日本的核電廠原本規定每隔十三個月就必須停機檢查一次，但現在爲了提高運轉率，變成可以延長爲二十四個月。檢查本身原來訂爲三個月，但現在有些核電廠改爲一個月。台灣的情形不會比這好。光是這樣的更改，就爲工作人員帶來很大的威脅，因爲維修工程增加、難度變高、被曝時間集中等，全由第一線的核電工來承擔。

日本核電工的特徵是下包制，尤其在上述歲修的短期間內需要大批的工人，大多採用臨時工，會從事這些工作的人多屬社會弱者，這種包含著危險的壓榨，形成了現代社會的黑暗面。

同樣是高風險的日本煤礦工，即使工作環境惡劣，卻還能在長年歷史裡留下許多礦工的歌謠、美術、文學作品，表現他們的感情與希望的文化，但是在核電工的世界裡，卻找不到這樣的表現，因為在矇騙、壓榨與恐怖的絕望下，開不出任何生命的花朵。

不只是核電廠現場，採鈾也會導致工作人員被曝。鈾的半衰期很長，是毒性很強的物質。美國在戰場上使用鈾彈，鈾彈使用的鈾叫「貧化鈾」，是萃取核電用的鈾二三五所剩下的鈾二三八，所以毒性已被「劣化」，但還是會致癌，造成疾病、畸形兒等深刻的傷害。當然，所謂「貧化鈾」就是製造核電燃料的副產物。

現在福島核一廠的現場還有著數千名工作人員，很多專家已指出，福島核災並非意外，而是核電本質的矇騙與追求經濟效率的必然結果，收拾核災可以說是核電的最下游作業。即使正常的核電廠作業，都是生命的賭注，現在福島核一廠的工作人員承受著多少風險，可想而知。

二〇一一年九月，驚傳在一號機外面的鐵管輻射值居然是十西弗以上，因為輻射測量計最高只能測出十西弗。人被曝致死的劑量是七西弗，這表示若有工作人員不知情，站在鐵管旁邊三十分鐘，就已凶多吉少。這個高劑量的要命地點是偶然測到的，表示在福島核一廠內，到處都有這種高輻射值的地點。

令人切齒的是，東電至今還是不改隱匿與壓榨的做法，就算掌握到核電廠內的詳細輻射劑量，也未必讓工作人員知情。災後在福島工作過的人就曾向媒體表示，他從來沒拿到過廠內的劑量地圖。

二〇一一年十月，有德國電視台專訪現任的日本核電工，拍攝到他們在進廠時跟雇主簽的約，合約上說明除了固定工資外，低劑量環境下工作每小時加三百日圓，高劑量加一千日圓，累積劑量一毫西弗一萬日圓，但條件是「不能接受媒體採訪，不做後不得申訴健康問題」。東電對這個合約表示：「承包企業做的事，我們不清楚。」當我們對這些工人感到萬分不平與歉意的同時，福島核一廠內裸露的原子爐與燃料池所揮發出來的輻射物質，還飄落到地球每一個人的身上。

「核電是高品質、穩定電力」的謊言

核電業者最愛說：「核電才是高品質、穩定的電力，而自然能源如風力、太陽能等看天吃飯，很不安定。」這也是天大謊言。

核電不是穩定電力，電力公司總愛誇示核電的穩定性，故意拿核電跟風力發電或太陽能發電作比較，說「沒颱風、沒出太陽就沒電」或「自然發電要看天吃飯」等，其實自然能源只要設置的數量夠，自然會穩定，這裡沒風，別處就有風，風水輪流轉。日本已有地方鄉鎮如北海道苫前町，靠風力全面自給自足，甚至還有剩餘電力可出售。連核電大國南韓也投資台幣二千多億元的金額發展洋上風力發電，台灣位於亞熱帶，更適合太陽能發電，但政府利用重課稅及低電費制度來限制自然能源的發展。

電力公司動輒拿風力發電來比較，卻不敢拿發電效率更好且更安定的天然氣發電來比較。要取代核電，暫時不必靠風力發電，擔心不足的部分，用天然氣發電來過渡就好。現在天然氣發電的新銳機器很精悍，比核電耐用、穩定，只要五個就可發電二百萬千瓦，等於兩個原子爐的發電容量，而且是低排碳，發電效率六成是核電的兩倍，核電的發電效率只有三成，剩下七成的熱都排到海裡，是破壞環境窮凶惡極的罪犯。

更重要的是核電廠其實常常故障，因此東京都已向東電宣戰，要建造一座一百萬千瓦（相當於一個原子爐）的天然氣發電廠，打破東電的獨占。

核電是穩定電力的說法有問題，核電廠事故率非常高，福島核災曝露核電致命的缺點：只要冷卻水沒了，核燃料散發的大量熱便失控，爐心熔毀，而輻射物質向外四散，安全技術不確定，供電怎可能穩定。

即使爐心未熔毀，全球核電廠至今大小事故不斷，但電力公司因發電過多，即使核電廠停機了，大家也不知情。很多事故沒對外公布，像一九七八年福島核一廠三號爐曾發生臨界（核反應）事故，到二〇〇七年才爆發出來。有對外公布的部分，日本根據原子力安全基盤機構（ＪＮＥＳ）統計，從一九六六至二〇〇九年度，事故共七二八件，平均每年十六件，而原子爐因事故、故障而臨時停止的，從一九八一至二〇〇九年共三六八次，平均每年十二次。

核災之前，日本核電廠就因事故、故障等問題，運轉率不到六成，現在日本的原子爐只剩兩成在運轉，有的是因定期檢查無法恢復，也有的故障中。不僅日本，有二十個原子爐、四成靠核電的南韓，在九月中旬突然大停電，官方說法是天氣炎熱導致用電增加，因此緊急限電。其實南韓的核電廠也是大小事故非常多，不時停機，南韓都隱匿不說，穩定供電神話早就崩潰。

理由2

核電不安全

核電當局在核災發生之前都說「核電絕對安全」，但這個神話已經破滅了，毀滅性的核災發生在眼前。

福島核電廠有三個爐、四個燃料池都出問題，七隻核子怪獸的輻射汙染遠高於車諾比核災。日本稱二次世界大戰後爲「戰後」，但從二〇一一年三月十一日起，日本的歷史進入「災後時代」。「災後」將成爲一個專有名詞。一九九五年的阪神大地震並沒有眞的改寫日本歷史，但三一一不一樣，地震、海嘯加上核災的複合災害，對日本的傷害之大無法想像。

核電廠的設計是以絕對不可能出錯、不能出錯爲前提，但這樣的前提連在實驗室裡都不可能做到，更何況核電廠要擺放在大自然裡、擺放在人間社會裡。

核電廠總是號稱絕對安全，但是從選地點開始就不安全，地質學上的考量往往不是最優先，而是硬塞給貧窮且當地政客積極配合接受的地方。像日本靜岡縣御前崎市的濱岡核電廠，因爲建在東海地震的預測震源上，被認爲最可能成爲第二個福島核一廠。三月十五日晚間，靜岡發生了規模六的地震，還照常運轉，讓所有日本人都捏了一把冷汗。這就是許多電力公司的本質，能不停止運轉就盡量不停止，因爲停機一次要花一億日圓以上，停機一天要好幾千萬日圓，爲此，日本人民在四月聚集東京街頭示威遊行，要求關閉濱岡核電廠。

台灣的核安疑慮更多，除了核電廠建在活斷層上、耐震係數不足外，沸水式反應爐的爐心隔板設計不良，大地震眞的來時可能發生控制棒無法正常插入的情況，那樣就會出現超過車諾比和福島核災的史上最悲慘的大核災。福島這次被說是很幸運，是因爲至少控制棒插入了。

核電廠的耐震係數都是指原子爐本身而已，至於核島的其他設施耐震度更低。台灣的核安疑慮還有地震、海嘯來臨導致廠內外停電，喪失所有外部電源，沒電讓冷卻循環系統運作或抽取冷卻水，就會像福島核災那樣，只要四小時爐心就會熔毀。

此外，接頭過多、配管裂縫、冷卻焊接不良可能導致輻射水外洩、配管薄耗（長期高度被曝而脆化）、核三廠根本沒疏散用的道路，至於發生核災時的通報系統、碘片發放、避難基本需求（如大量巴士、避難場所、棉被衣物等），台灣幾乎等於零。

核電廠的耐震能力有限

日本政府或核電業者都說「核電廠即使地震來了也不會壞」或「即使海嘯來了也不會壞」，但是早在地震、海嘯來之前，就有許多學者、核電工程師或現場人員申訴，應該要重新評估核電廠的耐震性，因爲日本核電廠的耐震性根本不夠。

三一一核災發生了，日本政府和東電都把責任推給海嘯，總是表示「如果沒有超乎預想的大海嘯，福島核一廠不會發生事故的！」透過媒體不斷宣傳這個想法，或許對長年都很相信政府的日本人而言，的確發生洗腦作用，但事實上當然不是如此。福島核一廠最致命之處是所有外部電源都告喪失，無法冷卻，而在地震後不久連續發生多次爆炸。

日本一般建築物的耐震基準是二百蓋爾（gal），原本核電廠的耐震度平均約爲四百蓋爾，但在一九九五年阪神大地震後，各處都加強耐震係數，平均接近六百蓋爾。福島核一廠的二號機在二〇〇七年加強爲四三八蓋爾、三號機爲四四一蓋爾、五號機爲四五二蓋爾，或許實際耐震度稍高一點，但基本上若震度六的地震來襲的話（震度六弱是二五三～四五〇蓋爾，震度六強是四五〇～八〇〇蓋爾）❶，日本所有核電廠都將不保，毫無僥倖，至今為止也曾因地震來襲而發生過大小事故三十幾起，有的甚至隱匿不對外說。

台灣核電廠目前的耐震係數分別是核一廠〇．三G，核二及核三廠〇．四G（G為地表重力加速度，一G等於九八一蓋爾），換算之後，台灣核電廠的耐震度都不到四百蓋爾，都比福島核一廠低，而且根本不到停機的濱岡核電廠一G的一半，但台電卻敢宣稱耐震度超過福島核一廠。

核電廠的耐震、防震是要看「震度」，代表地震時地面上體感振動的激烈程度，或物體因受振動所遭受的破壞程度。以日本核電廠為例，雖然耐震係數平均有〇．六G，但只要地震的震度達到六，一樣全部會倒！

媒體常把震度和地震規模搞混，正好讓台電拿來亂說，一下子用震度，一下子用芮氏規模。台灣核電廠的耐震係數只有〇．三G或〇．四G，非常低，但台電卻敢說是可以耐到芮氏六級、七級地震，就是在混淆視聽。**地震規模代表的是地震本身的大小，若地震規模到達芮氏八級、九級，但核電廠離震源夠遠，當然還是耐得住，台電用這個標準來衡量耐震度是沒有意義的。**❷

例如當局解釋，核三廠的耐震設計是假定一九二〇年發生於花蓮外海規模八．三級的地震，震源在距離廠址三十五公里外的歐亞板塊與菲律賓板塊交界處，經衰減後，推定安全停機基準值爲〇．四G。台電乾脆把震源假設在一百公里外好了，那樣的話就連芮氏九級都能耐得住！用這種超級樂觀的假設來矇騙、僞裝，令人憂心。

地震震源只要近一點，震度不需要六，甚至只要五，台灣的核電廠就會全倒的。核四廠只要停建就好，問題比較簡單，而核一、核二、核三廠這三座運轉了二十七年以上的老廠，宛如更恐怖的不定時炸彈，而且核一、核二廠的燃料池中用過燃料棒超爆滿，不需要太強的地震，隨時也可能引爆毒性更高的核災，不廢核是無法睡好覺的！

從二〇〇四年的新潟地震，以及二〇一一年三一一及四〇七（宮城餘震）來看，核電廠是多麼脆弱。

柏崎刈羽	震度六	發生輻射外洩、變電所火災
福島	震度六	發生電源喪失、氫氣爆炸
女川	震度五	發生正常電源喪失
東通	震度五	發生正常電源、緊急電源均告喪失

此外，核電廠的安全設計都只是指原子爐本身而已，並沒有眞的考量整個核島或核電廠的安全，也沒有顧及核電廠附近居民的安全，這是眞確的事實，但政府、原能會、原安會、保安院、電力公司，以及各層級的行政首長、主張引進核電的國會議員，長年

皆異口同聲說：「核電廠不會因為地震而崩壞，是很安全的！」

日本政府曾說過福島核一廠「不會因地震而崩壞」，而這次災變後為了不要讓人說他們曾經撒謊，而說了更大的謊言，改稱這次是因為「海嘯的損傷」而導致的。但是已有核電廠的作業人員表示「地震後，水瞬間從上面滾流下來！」以及看到一號爐的加壓容器有龜裂等，亦即在震度六時，一號爐就已經破損了，並不是因為海嘯而壞掉的。

即使是海嘯，日本過去曾經歷過三十八公尺高的海嘯，卻把福島核一廠面對的十幾公尺海嘯歸類為「想定外」，由此可知核電廠其實很容易因地震和海嘯而崩塌、損壞，根本沒什麼安全可言。

地質和地理資料常遭偽造，調查結果無意義

日本從一九五四年起在國內各處興建核電廠，尤其是從六〇年代後期到七〇年代急遽增加，雖然早在一九七三年，四國電力公司便已經因為杜撰安全審查資料而遭到起訴，但當時日本松山地方法院都聽命於原子能行政而加以駁回，放任這些經不起地震的危險核電廠，直到三一一福島核災發生。

許多核電廠最初決定要建廠，都只是找到有意願接受或有建廠用地就決定地點，根本沒考量到地質學或地理學上是否安全，像四國愛媛縣伊方核電廠的三個原子爐並

列，但附近佐田岬半島沿岸的伊予灘海底，就有高知大學理學院教授岡村眞教發現有A級活斷層，在一九九六年五月發表。這項結果跟四國電力公司的調查結果正好相反。電力公司當初建廠的調查報告是「從一萬年前至今未見有地層活動的痕跡，不可能發生地震」，亦即表示當地是非常適合興建核電廠的地層。岡村教授的調查則爲「從一萬年前以來，每二千年爲週期，可見地層變化之活動，有地震之危險」。其後，電力公司和四國唯一擁核的愛媛縣，在輿論壓力下只好承認其後設立的「縣活斷層調查委員會」以及土木學會四國支部，調查有活斷層的結果。

即使電力公司承認自己建廠時的調查有問題，卻硬是改口表示該廠的耐震設計經得起大地震，並任意改動原子力安全審查會審查過的耐震設計書，而對愛媛縣和伊方町提出報告冒稱「安全」，至今也都不了了之。這點跟台電也很像。

類似的問題幾乎日本核電廠都有，因爲日本原本就是地震大國。福島核一廠在開幕時的宣傳影片中也一直強調核電廠所在地沒發生過地震，適合興建核電廠，但事實上，該地區附近有正斷層型的活斷層，也曾發生過地震。

東電在興建福島核一、核二廠時，沒有慮及東日本，尤其是三陸地方，過去曾發生大地震、大海嘯，爲了汲取海水冷卻原子爐方便，而故意在海岸地挖低三十公尺，在比原來低的地方興建核電廠，這明顯是重大過失，因此無法因天災而免責，換句話說，忽視地理、地質條件而硬要興建核電廠，本身就是人禍，而非天災。

最可笑的是，被要求停機的濱岡核電廠，其實耐震設計上算是日本最頂級的，但濱岡本身的地質和地理問題很大，除了位於隨時可能發生東海大地震的震央，以及附近有活斷層外，廠房本身是建在脆弱的岩盤上。曾參與濱岡核電廠二號爐設計的前工程師谷口雅春表示，不但早年的耐震係數有摻水虛報，濱岡核電廠的地盤根本稱不上是岩石，其實是可以捏碎的沙，而且是冰沙狀態。當初只是因爲地方願意接受，即使是沙地也決定興建。其實是沙丘，卻對外號稱是岩盤，這樣再好的耐震設計也沒用。地震來了，很可能減速棒都插不進去而馬上發生爐心爆炸。

柏崎刈羽核電廠也是因爲當地是人口過疏地區、地方願意接受，加上田中角榮想轉手賺大錢而選定這個地點，核電廠因此建在沙丘上，不屢屢出事才奇怪。

現在福島核一廠出事，濱岡核電廠喊停，剩下最危險的被認爲是伊方，這都是建廠時在地質調查上僞造或遮掩的核電廠。

日本有非政府組織到台灣核四參觀，在核電廠的枋腳斷層四周，看到有許多鑽孔探勘後的痕跡，可以想見台電曾在當地進行過斷層的地質調查，但這些資料沒有公開。關於核四廠區附近的地質構造發現複數斷層或北台灣斷層問題，研究機構和學者也相繼發表探勘成果，早已無須說明，但台電其實在設計之初就已知情卻故意隱匿不說的事實非常多，這些黑箱作業方式，跟日本或其他國家的核電作業非常相似。

台灣核一和核四都是危爐

其實不只福島和濱岡核電廠，日本是地震大國，許多核電廠都是建在沿海，太平洋岸的核電廠都有這類地理上的問題。

據災後日本全國核電廠調查，大部分核電廠在安全設計上都有問題，這也是讓福島核災擴大的禍因之一，例如災後四月七日，宮城周邊的餘震導致停電，東北電力公司幾處核電廠的緊急電源都失靈，幸好福島核一廠事故後，各電廠都備有電源車應急。除了電源之外，海水幫浦沒有設在有高防水性的地方也是個隱憂。

福島的四個爐建物面目全非，曝露出核電建築的脆弱，除了原子爐本身還算堅固外，其他就像一般工廠一樣，淹水後全告失靈，脆弱得很。福島核一廠四號機的燃料池火災更凸顯安全上的問題，使用過的含鈽燃料居然就隨便放在原子爐上的池子裡，等待冷卻數年後才移走，這個燃料池與外界只隔了一層水泥牆，好像游泳池般，沒有安全可言。

前已提及，福島核一廠一號爐到五號爐都是用美國GE的馬克一型，此爐的設計者布萊登葆早已承認此型的爐是缺陷爐，而台灣核一廠的兩個機組跟福島核一廠二號爐是同一時期產品。

至於台灣核四的原子爐，表面上是GE得標，然後再分包給日本的東芝與日立，一號爐是東芝，二號爐是日立，但一、二號爐其實完全一樣，高壓泵浦由東芝製造，控制棒驅動裝置則是日立製造，另外台電又向三菱重工買發電機，亦即核四實質上完全是日本製造，但日本礙於會違反〈核不擴散條約〉，便讓美國GE當白手套，淨賺抽成，日本廠家得以不經過國會審議，就成功對外國出口核電，但因爲不光明正大，加上核四的風評在國際間出名的差，日本到現在都不敢承認核四是他們造的。

從日本出口到台灣核四的是「改良型沸水式原子爐」（ABWR），雖說是日立和GE合作設計，但其實都是日本自己改BWR變出來的。核四是日本以外第一個使用此種原子爐的核電廠。在全世界約四百三十個商轉爐中，當時用改良型沸水式原子爐的只有柏崎刈羽核電廠的六號爐及七號爐而已。

至今原子爐的發電容量頂多一百一十萬千瓦，但改良型沸水式原子爐卻能達到一三五・六萬千瓦，提高成世界發電容量最大的原子爐，但是爲了節省建造費用，緊急爐心冷卻裝置（ECCS）以及原子爐的加壓容器、圍阻體的容量只好變小。BWR控制棒是以水壓驅動，共有一百八十四根，改良型沸水式原子爐則是用水壓及電動驅動來作微調整，常出現問題。原先的BWR有再循環式的配管，但柏崎刈羽核電廠六號機的改良型沸水式原子爐改成內部再循環泵浦，耐震性很低，宛如玻璃瓶吊在原子爐上，構造脆弱，數位控管也導致機板產生故障，事故頻傳。

「改良型沸水式原子爐」名爲「改良」，但一點都不進步，也沒有改良，有損安全性的偷工減料隨處可見，柏崎因此成了改良型沸水式原子爐的實驗地。像一九九九年七月，七號機的再循環泵浦停止，還是用手動操作才把原子爐運轉停止，因類似事故而停機的次數很多，單單六號機不到五年便因故停機五次。改良型沸水式原子爐是這種狀況，但台電卻對國內宣傳柏崎是如何因爲核電而致富的優良模範都市，還招待貢寮居民去柏崎及日本各地核電廠參觀。

柏崎有些居民爲了擔心台灣重蹈覆轍，因此從九〇年代起，陸續有人到台灣說明改良型沸水式原子爐的問題點、核電廠無助於柏崎的振興，以及改良型沸水式原子爐的危險性等。武本和幸是反核電守護刈羽村之會的代表，爲柏崎刈羽核電廠問題抗爭了四十年，二〇一〇年曾爲了提醒核四危險而訪台，他表示，改良型沸水式原子爐是爲了經濟效益而研發，只考量節省成本，在地震發生時會大幅搖晃，搖晃程度是BWR的三倍。雖然基地的地下結構也有影響，但同樣基地，卻有不同程度的搖晃，顯示機體結構是主要原因。

日本由GE在美國申請改良型沸水式原子爐的認證，但搞了十二年才終於得到認定，這種原子爐的安全性是很有問題的。雖然後來日本也有其他核電廠採用這種原子爐，但均遭居民控訴耐震不足。

核四所採用的這型原子爐是不耐震的嚴重缺陷爐，但或許核四本身是大拼裝貨，反正周邊都很爛了，爐本身是缺陷爐也不是很大問題了。

十億年發生一次？核災發生率的誤導

美國原子能委員會改組前所推動的「反應器安全研究」，由羅斯苗遜博士（Norman C. Rasmussen）主持，他在一九七四年以確率論爲基礎，提出核安研究知名的「羅斯苗遜報告」。根據這份報告，每個原子爐發生大核災的機率是十億年一次，因此擔心核災發生宛如擔心隕石掉落在洋基球場般。現在的核電廠，都是應用他的理論而作多重防護設計，亦即多套備用的系統，建立核安神話的基礎。從結果來看，世界上至今已經發生過三次大核災，他的「十億年一次」說法早就不攻自破了。

東電在二〇一一年十月中旬提出報告，重新計算福島核一廠一號至三號爐的爐心損傷概率，居然還說是五千年才一次，因爲大海嘯造成爐心損傷則爲八千年一次，因爲灌水系統故障而導致爐心損傷則是一萬一千年一次。幾小時內幾個爐心就熔毀的現實都擺在眼前了，還有這種天文數字出現，就知道這些核電專家說的概率毫無意義，在福島核災發生前，東電算的概率是一千萬年一次。

福島核災後，發現「核電廠只要有多套備用系統」的思考根本不管用。這種安全性思考以爲，單一系統發生故障時，其他系統能迅速代替，所以完全沒問題，但結果不是如此。

同一個原因，如大地震、大海嘯等災害因素，會導致一個系統當機，也可能因此而導致全部系統都當機，就像三一一地震與海嘯導致福島核一廠的全部電源喪失，在很短的時間內就發生爐心熔毀以及氫爆，相繼出現無法挽救的慘狀，根本無計可施，單一故障原理在現實上沒用。

核電業者強調安全機率時，常會舉出電源有好幾套，例如除了正常的外部電源，還有兩組緊急柴油發電機，每組的故障機率是一千分之一，兩套的話，就一千分之一乘以一千分之一，故障率就變成一百萬分之一，但這只是數字上的魔術而已，大抵一千分之一的故障機率是以緊急柴油發電機在全新狀態下來計算的，現實上許多核電廠的緊急柴油發電機年久失修，甚至有的在地震來之前就壞掉了。而且導致正常電源崩壞的原因，也可能同樣一口氣造成所有緊急系統崩壞無法運作。

在三一一後的四月七日，宮城縣發生一次餘震，讓東北電力女川核電廠（宮城縣女川町、石巻市）一至三號機在七日深夜，外部電源四系統中除了一系統外都停止供電，一至三號機用過核燃料暫時儲存池的冷卻系統也停止，後來用手動再啓動。此外同一天，東北電力東通核電廠（青森縣東通村）的外部電源斷絕時，兩組緊急柴油發電機在定檢中，剩下一組緊急柴油發電機漏油而故障，三組都無法用，最後是靠三一一核災後臨時加派的電源車來對燃料池進行緊急冷卻，當時冷卻已經中斷八十分鐘，非常危急，差點就發生第二個福島核災了。

東北電力後來表示，緊急柴油發電機的幫浦防漏零件在定檢時裝反了，可見緊急發電系統即使有三組也發生了全部失靈的狀況。核電廠所謂萬無一失的多重緊急備用系統，有可能全部瞬間都動不了，發生災害的百萬分之一機率說法，是自欺欺人。

核電業者大玩數字唬人把戲

二〇一一年九月，有一顆美國人造衛星墜落地球，美國太空總署通告世界，這顆衛星打到人的機率約三千二百分之一。日本有媒體搶先報導指出「日本人因車禍死亡的機率一年約二萬分之一，這顆衛星比車禍危險多了！突發的新危機！」讓幾個媒體紛紛跟進，造成小恐慌。

當然這個報導是錯的，衛星打到人的機率是對全地球人的機率，而車禍發生的機率是針對個人；要拿來相比，必須先把分母的三千二百乘以地球人口總數七十億才行，亦即三二〇〇×七〇億，概率其實非常低，跟車禍不能相提並論；雖說車禍的機率是以一年爲單位，要算出單次精確概率並不容易，至少我們可以知道，衛星墜落對每個人安全的危險性，其實是比車禍少很多的，但在一時的羶腥報導下，有時也會迷糊受騙。

關於核電的資訊，很多都是一團數字，要搞清楚實質意義很不容易，因此業界人士經常利用讓人產生錯覺的數字把戲。像前述車禍的機率，就常被拿來與核電風險作比較；日本擁核人士說：「車禍每年死五千人，而核電廠很少發生死亡意外，因此核電是安全的。」

這個比喻當然不對。發電和交通，本來就是兩回事，不能拿來相提並論。比如說日本一年有十一人死在槍枝下，比起五千人少之又少，但並不表示槍比汽車還安全；此外核災的規模是涉及數百萬人喪失家園及人生，剝奪生命及健康，不是車禍能比擬的。

另外還有數據可信度的問題。核電工作人員遭到輻射傷害，官方是一定不會承認的，亦即數據永遠是〇；但其實核電是一定需要工人遭到嚴重被曝，才得以運轉的。

擁核人士說核電廠風險不大，只是「目前」台灣幸運沒發生大核災而已，背後卻有無限風險的用過燃料棒，以及高風險的原子爐。**若只因「目前」沒事就不用計算的話，世界上所有風險對每位還沒經歷到的人來說都是零！**但一百年後，我們的死亡風險是一〇〇%。核電一百年後的風險，全部由我們的後代承受，怎麼算呢？

核電問題是一般人不熟悉的，看到數字，要了解含義並不容易。像核電很大的問題是發電效率低，僅僅三〇%，意思是，核分裂反應所產生的熱量只有三成轉換爲電力，其餘的七成就變成溫水，排到海裡去，嚴重破壞環境。以地球暖化問題而言，間接排碳不好，直接的排熱當然更不好。

現在用新型的天然氣火力發電，能把排熱再度凝聚起來發電，發電效率達到六〇%。大家說不定覺得好棒，一下提高快兩倍，但事實上，效果還不只如此。

發電效率三〇%的意思是，如果發電一百瓦，必須排出多餘的熱量約二三三瓦。要是發電效率提高到六〇%，發電一百瓦只需排出約六十瓦的熱量，多餘的熱量一下變成四分之一！

不用說，這個數字才是眞正有意義的數字，所以發電效率從三〇%提高爲六〇%，其效果不是兩倍，實質意義是四倍。

與核電相關的數字，連專家的解讀方式都不一樣。就像一年能被曝的限度，在核災後被日本政府提高爲災前的二十倍，也就是二十毫西弗，但這個數字，媒體本來都以爲只是體外被曝的部分，後來發現，做這項決策的政府高官，本身沒搞清楚體內被曝與體外被曝的區別。輻射專家對內曝傷害的認定不一，可以相差一百倍，有的專家覺得一年二十毫西弗沒有大礙，有的專家卻覺得已是屠殺命令。

二〇一一年十月，日本媒體又因數字出糗，有一家福島鐵工廠承攬大阪的某個橋身工程，在福島打造好，準備搬到大阪去裝設時，遭到當地居民抗議，要求測量輻射值，結果是一年〇．七毫西弗，乍看之下似乎低於災前的標準一年一毫西弗。擁核媒體紛紛批評抗議的居民，說他們歧視福島人，甚至連反核媒體也被迫做出相同的評論。

但這根本是天大的錯誤。一年一毫西弗是個人一年受「所有人工輻射被曝加起來」的限度，而橋身只是單項物品，如果單項物品達一毫西弗，加上其他物品如窗戶一毫西弗、桌子一毫西弗、吃的飯和喝的水都一毫西弗，結果會導致大超標。

因此日本法律明文規定，單項物品的解除標準（clearance levels）是總輻射劑量限度一毫西弗的一%，也就是一年〇·〇一毫西弗。若不是一%的話，那周邊若有數件物品遭輻射汙染，就馬上超標了。

這個一%的想法也是世界標準，單項物品的輻射值要是超過一年〇·〇一毫西弗，就成爲放射性廢棄物，必須由專家處理，一般人不能擅自移動。上述橋身測量的結果〇·七毫西弗是標準的七十倍，根本大超標，就算沿用災後的殺人標準二十毫西弗，也超標了三·五倍，根本沒有討論的餘地。

日本媒體爲了報導核災焦頭爛額了半年，還會把這種基本事項搞錯，可見核電的數字實在不容易理解。這也是擁核的錯誤論調常被無條件接受的原因。

核電的建造和維修多由素人執行

許多曾在核電廠現場工作過的人都表示，即使沒有地震，福島核一廠或其他哪個核電廠若發生重大核災也不足爲奇，因爲核電廠的第一線都是賣命的素人，而且廠內的耐震設計都很隨便，就算不是千年大震也會出事。像是著名的寫了最後遺言的平井憲夫，便不斷警告這件事。平井憲夫是國家認定的一級廠房配管技師，自從一九七七年轉到日立集團的吉田熔接工業後，便在東京電力的福島核一廠、福島核二廠，以及中部電力的濱岡核電廠、日本原電的敦賀核電廠和東海核電廠等，參與沸水式原子爐的建設，定期檢查相關配管工程的監工。他本人在一九九七年已因癌症過世。

原來GE的設計以及施工監督的工程師菊地洋一，曾疾聲呼籲建在活斷層上的濱岡核電廠應該停機，有說法指出除了美國的壓力外，也是前首相菅直人看了在YouTube上點閱數三十幾萬次的呼籲而把濱岡核電廠停掉的。菊地曾經在濱岡核電廠附近遇到一個年輕人，對方跟菊地說濱岡核電廠不是最危險的，菊地問他哪裡才最危險，年輕人表示柏崎刈羽核電廠才是，因爲柏崎刈羽就是他去配管的，他跟同行的人都沒資格，大家都不懂，就胡亂接一氣。

原東芝燃料冷卻池設計工程師小倉志郎也告訴我，他原本是坐在總公司冷氣房裡設計原子爐，後來被派到現場去當監督，才發現核電廠根本跟在桌上設計時完全兩回事。把核電廠置放在每天都有微妙變化的大自然，原本就需要高度細密的操作，而且人爲疏失本無法避免，何況大自然還可能有各種天災，尤其是地層不穩定的東亞國家，根本不能建核電廠的，但是在東京或美國公司冷氣房裡的決策者或設計者，根本不知道這些狀況，這樣的差距本身就是無比的危險。

最慘的核災，還在想像之外

前首相菅直人下台後吐露他曾必須考慮讓三千萬人避難，此言論引起海內外的關注。雖然菅直人在核災處理的表現大有問題，但「三千萬人避難」的心理準備倒一點都不誇張。

三一一之後站出來大聲疾呼核電危險性的圍阻體設計專家後藤政志，最常強調的一件事就是「福島核災現況，不是最壞的結果，已經是非常幸運的」。根據計算，福島核一廠只是放出它當時所有的百分之一以下的輻射物質而已，那麼核災最壞的結果會是怎樣呢？

這次福島核災最幸運的是地震來襲後，一至三號機的控制棒全部有插入原子爐中，這是最重要的，因爲控制棒是原子爐的煞車，可以全面停住原子爐的核分裂反應，全部插入成功，表示已達到最大的停止功能。

但核分裂反應停了，原子爐還會放出巨大的原子衰變熱，在停機瞬間的熱量是核分裂的七分之一。福島核一廠因爲完全無法散熱，使得三個原子爐在四小時後陸續開始熔毀。

控制棒，需從原子爐下面往上插進去，是把很細長的東西插進一個很狹窄的空間，在人都會站不住的震度六地震，甚至人只能趴在地上的震度七衝擊下，控制棒是否能及時自動運作，是否能準確地插入該插的地方，可說只能聽天由命。

要是震度七地震來襲的話，圍阻體本身是否能不損壞，也很有問題。圍阻體是核電廠裡最堅固的建築物，但最多也只能撐到一G。日本最強的地震，曾經達到四G。

要是控制棒無法插入會怎樣呢？如前所述，即使控制棒插入成功，在衰變熱無法散熱之下，爐心四小時後開始熔毀。要是控制棒沒插入，繼續核分裂反應，它的熱量會是衰變熱的七倍，表示原子爐會在一小時以內熔毀。福島核一廠在「全黑」❸之下，要恢復電力都要花好幾天，在控制棒插不進去的更糟情況下，要在一小時以內恢復電力，是不可能的。

其實熔毀不是最糟的事，可怕的是原子爐裡急遽增加的巨大熱量會引起什麼結果，無法預測。要是原子爐配管斷裂，說不定還好，因爲會讓熔毀的燃料慢慢漏出去；要是不幸原子爐還保持密閉，巨大的熱量可能引起大爆炸。像車諾比核電廠爆炸及其後的火災，就放出它一半的輻射物質。

這也就是菅直人所說的「三千萬人避難」的現實，福島核一廠控制棒插入成功，依然熔毀了三個爐，對人類來說是第一次經驗。哪個爐會出現車諾比型的爆炸，誰都不敢說；只要有一個爐心爆炸了，就會放出與車諾比核災同樣多的物質，讓二百五十公里圈的東京必須避難。

但最可怕的事還不只如此，福島核一廠的二次爆炸，都是發生在圍阻體外面的爆炸，就已經讓東電問日本政府「我們可以撤退嗎？」若是有一個原子爐像車諾比般「大放出」，必導致工作人員的全面撤退。

福島核一廠不只三個原子爐，還有四個儲存更多輻射物質的用過燃料棒的燃料冷卻池，另外還有一個存了六千多束使用後燃料棒的中間儲藏池，這些東西都需要有人不斷的照顧，讓它們散熱。若工作人員撤退了，等於現場隨時有臨界與爆炸的可能性。而且狀況只會越來越壞，到時候，避難範圍還要大到東京以西，那才眞叫「後果不堪設想」。

「最慘的核災」雖是推想的結果，但災害往往在世人料想不到的情況下發生。三一一之前，核電當局直表示福島沒地震，福島核一廠還曾被日本核安會評估爲地震風險最低的核電廠。最慘的核災，以目前的認知，會在地震、海嘯洪水、恐怖行動、軍事攻擊、隕石掉落等情況下發生，在停電、停水後，造成比車諾比核災更嚴重的致命汙染，然而這些都不過是人們有限的想像所假設的一小部分可能性而已。

日本政府在一九五九年曾做過核災的預測，假設距東京一百一十公里的東海核電廠放出二％的輻射物質（約車諾比核災的三十分之一），其損失會達到當時國家預算的兩倍。因爲估算出的損失太大，這個估算結果被封殺了四十年，在一九九九年才重見天日。當時的想法是認爲這樣「最慘的核災」不用讓人知道，但現在知道，這個假設完全不是「最慘的核災」，最慘的核災還在我們的想像之外。

風險太大，連保險業都不願承保

核電當局雖然拚命宣傳自己有多安全，但核電廠明明是其他業界無法比擬的超危險設施，因此如果發生核災的賠償，無法適用於一般的保險，亦即遭損保業界所唾棄。

目前日本的核電廠若因地震或海嘯而發生事故，根據〈原子能損害賠償法〉的規定是國家對一處的最高補償爲一千二百億日圓，但像福島核災最終賠償責任看來至少十數兆乃至數十兆日圓，根本無法靠法律來解決。

如果眞的要給核電廠保險，那保費應該訂多少？法國曾試算過沒有地震的該國的核電廠如果投保，則核電的成本馬上上漲三倍。

至於像日本或台灣這樣的地震大國，世界沒有任何保險公司願意承保，以前德國有保險公司試算「核電無限制責任保險」，當時保費是發電容量每一千瓦十三日圓，但這也是在沒地震的國度。即使這樣算，以二〇〇九年日本國內核電廠每年發電量二、七七四億千瓦來算，每年的保費將是三兆六千億日圓。

這只是試算而已，事實上並沒有商品化，因爲像這麼高風險的核電廠，誰也不敢承保，而電力公司也付不起這麼貴的保險費，因此所有核電廠都是讓各國的人民一起承擔這種世界任何保險公司都承擔不起的風險。

注釋：

❶台灣的「震度」等級分爲〇至六級，共七個等級，〇級爲地震儀有紀錄、人體無感覺的「無感」地震，六級爲房屋傾倒、山崩地裂、地層斷陷的「烈震」。日本的震度等級則分爲〇至七級，〇級最弱，七級最強。一九九六年十月一日起，五級和六級又各被細分爲兩級，即五弱、五強、六弱、六強，因此一共有十級。通常距離震央越近，震度就越大。例如：九二一大地震爲芮氏規模七・三，南投地區最大震度六級、台北地區最大震度五級、高雄地區最大震度四級。

❷「地震規模」代表地震所釋放的能量大小，因此每個地震只有一個地震規模的數值，通常是以芮氏規模來表示，數值大約在二・〇至八・九之間，數值越高代表強度越強。

❸電廠全黑：發電廠因故停機時，廠內的用電無法自給，必須靠外部電源來維持發電系統的正常，以便重新啓動發電機組。停機期間，若外部電源喪失，必須以緊急電源接替供電（由柴油發電機緊急啓動發電），如果緊急電源也喪失供電能力，此狀況就稱爲「電廠全黑」。電廠全黑將導致發電廠處於不安全狀況。

理由3

核電不減碳、不乾淨又大排熱

搞核電的人撒謊模式都一樣，就像計算成本，只計算發電那一瞬間的成本，不算買地、造爐建廠、拆爐以及處理核廢料的費用，而收買官僚、政客、媒體及學者的天文數字費用，也都沒計算在內，都是政府主管當局另外用人民的稅金來補貼。至於排碳問題，在地球暖化議題出現後，已成爲擁核的最佳藉口。事實上，**核電只有發電的那瞬間不排碳，其他從開採、需要七至十年的建廠，以及善後等，全都大量排碳，亦即除了發電以外的時間都在大量排碳！**

核電廠不過是巨大的「熱海器」

核電廠的排熱是所有發電方式中最嚴重的，一個發電容量一百萬千瓦的原子爐，一小時會因核分裂而產生三百萬千瓦的熱，除了發電的一百萬千瓦，其餘的二百萬千瓦都排到海裡去，亦即每一秒從海裡汲取七十噸海水到核電廠裡來吸收原子爐裡剩餘的熱，海水因吸熱溫度上升七度後排回海裡。讓海水上升七度有多可怕呢？陸地的排碳量約每年二六〇億噸，海洋發生的二氧化碳爲每年三、二二六億噸，而海面能吸收的碳量是每年三、三〇〇億噸，亦即海洋每年可吸收陸地的排碳七十四億噸，陸地排碳至少有二至三成是海洋吸收掉的。核電廠排熱水，會使海洋中的二氧化碳排到大氣中，好像把啤酒、汽水或可樂加熱後，二氧化碳會不斷冒泡排出來。究竟每秒上升七度的七十噸熱水會讓海洋排出多少碳？若以攝氏十五度的海水加熱爲二十二度爲例，十五度時二氧化碳對水的溶解度爲每公斤二公克，二十二度時則爲每公斤一．六二公克，換算下來，每發一度電，就排碳一百克，這是非常嚴重的。

如果家裡的洗澡水從四十三度上升至五十度，是會讓人燙傷的，水溫升高當然會破壞附近的海洋生態，尤其燒死珊瑚礁。全世界海洋有珊瑚礁的區域只占一%，但在其附近棲息的海洋生物達二五%。珊瑚礁吸碳是樹木的六至十六倍，核電大排熱將燒死珊瑚，破壞海中生態，也破壞海洋的排碳功能。擁核者還好意思說「核電不排碳」嗎？

萬里核二廠附近的海藻、浮游生物死光，核三廠附近的珊瑚白化。核電廠會排出輻射物質，即使是低劑量，也會讓人致癌，而且核電廠附近都會有畸形巨魚，像台灣核一、核二廠附近曾發現含鉀四〇的祕雕魚。櫻花也因此異常，日本的電力公司曾為了妨礙調查，故意把櫻樹鋸掉。核電是在破壞地球，而無法拯救地球的。

「用核電解決地球暖化問題」的四個錯誤邏輯

1.在一九八六年車諾比核災後，世界各國對核電的安全及成本起疑，此時核電當局突然表示「為了地球暖化的對策，需要核電」。這是多重錯誤的三段論證，因為核電既不減碳又大排熱，而且推動地球暖化對策的人，完全沒想要推動核電。不管在台灣或日本，當局都宣傳：「推進核電，電才夠用，也是解決地球暖化的減碳對策，就不需要引進自然能源和節能對策！」結果因此不發展自然能源，而且浪費電，未能真正節能，實質上是讓地球暖化對策開倒車。核電不等於地球暖化對策，不等於減碳。世界排碳第一名的美國，從一九七九年三浬島事件後，已經三十幾年沒新建核電廠了，就算要用核電來解決地球暖化問題，怎麼樣也輪不到地震頻仍的台灣來承擔呀！

2.核電當局愛說「核電是地球暖化的主要對策」，但仔細一聽，其實是在恐嚇人民，表示「如果不推進核電，你們只好忍受停電和放棄地球暖化對策」，這是跳了很多級的錯誤說法，不讓人民選擇自然能源。

普林斯頓大學的羅伯．史考洛夫教授指出，只要將現在符合商業原理的各種自然能源及節能技術普及化，就已經可以把工業革命之後的溫度上升壓低至攝氏二度以內，但核電能居功的部分頂多占全削減量的六％，無法跟其他能源相比。

3.核電當局常說「現在技術已達極限，無法更節能了，只好用核電」，這當然是不對的，歐洲、日本等國都有許多節能的技術還有普及的餘地，同一業種間的能源效率也都相差很多，說穿了就是「是否眞的想節能」。想要節能的話，就能配合節能而引進各種制度，以及改善設備。

4.核電當局常說「地球暖化對策很花錢，還是用核電」，這是根本錯誤，因爲核電非常昂貴，如果把當局補貼核電的一部分拿來補貼自然能源，就綽綽有餘。

此外，核電建廠及原料的費用越來越貴，加上安全堪慮，在美國已經出現因找不到願意長期簽約的大用戶而放棄建核電廠的例子，今後這種情況會更多。反之，現在世界上有許多資金都找不到好的投資標的，這些資金可以用來發展綠能。美國加州曾在二〇〇〇年發生電力危機，加州便爲此制訂兩百多種節能方案，像家庭省電部分則以現金折扣奉還等。台灣要做就更簡單，只要將電費合理化，以及對綠能產業限期予以稅制優待，以及制訂定額收購制度。不要像現在，用低電費和課稅，故意摘掉綠能產業在台灣本身應用的芽了。企業家及金融界也應有眼光來投資此項未來產業。

理由4

核電的成本很高，核電便宜是假象

一般而言，核電的成本應該有兩大項，但核電當局往往只申報其中一項或其中的一、二小項。少報核電成本，多報水力或太陽能發電的成本，是慣用的手法。

這兩大項是：

一、發電成本，亦即燃料費、人事費等發電費用。

二、建廠費用、處理因發電而產生的用過燃料費用、處理核廢料費用、廢爐費用、地方補助金、保險費等。

核電當局頂多申報發電成本，故意製造核電很便宜的假象。台電甚至還把採購燃料費的大部分成本，在會計作帳時，列入資產負債表的固定成本中，不算是發電成本，比其他國家謊報更爲嚴重。

短報的核電成本

在日本災後最早踢爆日本核電成本騙局的是日本首富、軟庫社長孫正義。孫正義覺得無法眼見日本社會朝不幸的方向邁進，便停止盲目擁核，著手研究核電，聰明如他隨即發現，核電成本的計算是騙人的。於是他主張應該廢核，拿出十億日圓成立「脫核電」財團，研發自然能源，與全日本廣域自治體首長，如秋田、神奈川、長野、靜岡等三十五道府縣首長，一起在秋田縣創辦了「自然能源碳商會」。爲了善用不能耕作的田地，打算在各地興建大規模的太陽能發電站，到二〇二〇年底將自然能源發電所占的比率提高至二〇%，最終實現替代核電的目標。

根據日本政府二〇一〇年的能源白皮書，所列的發電成本是太陽能每千瓦四十九日圓、地熱八至二十二、風力十至十四、火力八至十三、水力七至八，而核能爲五至六，乍看之下似乎核電是最便宜的，但這些數字是從一九九九年沿用至今，像太陽能的發電成本現在早已是二十日圓左右，而核電的成本原本不是這個數字，是在一九九九年時突然大動手腳後才變成如此低。核電成本五至六日圓沒有什麼道理，只是想僞裝成最便宜的而已。

日本政府自己在一九九二年計算時，核電和天然氣的成本一樣都是每千瓦九日圓，而從一九八八至一九九八的十年間，水力每千瓦九・六二日圓，火力爲九・三一，核能爲八・七一，但核能燃料加上廢爐及放射性廢棄物處理之後，則成本達一〇・二六至一〇・五五日圓，當時以日本政府自己算，核電都是最昂貴的。

一九九九年起，日本政府爲了僞造核電的成本優勢，突然把核電廠壽命全以四十年且運轉率爲八成來計算，成本才會突然降低爲每千瓦五・九日圓，但事實上核電廠有維修及定檢，運轉率不到七成，而且這還沒算進日本政府提撥的地方補助等費用。

若以核電業者自己向日本政府提出的設置原子爐申請書來看，即使以七成運轉率計算，發電的原價相當驚人，都超過十日圓，柏崎刈羽五號爐甚至高達每千瓦一九・七一日圓，二號爐則高達一七・七二日圓，核電是超昂貴的。

立命館大學教授大島堅一根據日本各電力公司股票上市所提的財務報表，算出發電成本是核電每千瓦一二・二三日圓、火力九・九、水力三・九八，核電也是最貴的。

但這都還不包括核廢料的善後費用以及政府的補助費用。日本的電力公司從二〇〇六年起在電費裡悄悄另列項徵收核廢料的處理費用。原子爐的地方補助金也是天文數字，因此成爲中央或地方政客與官員的重要肥水；日本政府爲了核電而編列天文數字的預算，來補助接受核電廠的地方縣市。若接受一個最新型原子爐，從開始建設到廢爐爲止的四十五年間，政府補助二、四五五億日圓，其中從開工到運轉的七年間，補助四三四億日圓。

日本政府每年都對核電的研究開發以及用地對策撥款四千億日圓，而這些錢主要都是撥到一些由經產省或文部科技省官員退休轉任的單位去，讓這些核電主管高官在下台後繼續吸核電甜水，而且也能回頭向現任的經產省等單位要求預算。用各種名目編列的相關預算非常多，核電成本根本算不清楚。

這也都還沒加上保險。法國試算過，若核電業者正常投保，則核電成本將躍升三倍，但那還是在沒地震的法國的保費，如果是日本、台灣這樣的地震大國，保險業者若沒有各種免責是不可能接受投保的，因此核災風險實際上是人民自己承擔。

因爲一味欺騙人民核電很便宜，而故意詐稱自然能源很昂貴，日本對自然能源的研發落後，令人感嘆。太陽能發電的費用跟數位機器一樣，每年便宜一成以上，現在早已是一度二十日圓程度，如果大量使用，再過五年可能降低至十日圓左右。適合島國的風力發電，現在在全世界日漸普及，例如中、德、美各國都有比日本多十至二十倍的風力發電設施，費用也比核電低多了。日本也已經有些地方政府採用風力發電。

不但日本的核電成本騙局遭戳破，最近世界各國的擁核人士或核電業者，除了中國、台灣外，也早都不敢繼續說核電是便宜的了。只有台灣的台電還在說核電最便宜，看來關於核電，台灣人被騙得最慘！

台電宣稱核電的每度成本是台幣○・六六元，這是少了一個○、甚至兩個○的數字——眞正的成本是六元或六十元以上，而且還賠上台灣的環境及台灣人的身家性命風險。

台電發言人甚至大言不慚說，這個成本是連後端核廢料的處理費都算在內，問題是那些核廢料都還不知道怎麼處理，之前拿台幣六千億元，內蒙古等地方都不願意收，而且從法國超級鳳凰號拆爐的估算來看，拆爐的費用是造爐的兩倍以上，看來只好請台電高層自己忍受高濃度輻射汙染去拆爐，把核廢料拿到他們家裡去存放了。

即使是由推進核電的美國麻省理工學院所計算，核電成本每度也要台幣二・六二至三・七七元，而台電不但連建廠成本、燃料成本沒算，連最後拆爐的至少每爐台幣二千億元費用也沒算，更別說沒去處的高、中、低階核廢料處理費是未知的天文數字。即使後端費用不算，只算造爐，核電成本也是台電報價的十倍，也就是每度六元。若連後端的費用也算進去，未來成本躍升至一百倍的每度六十元也不足爲奇。**關於核電，擁核人士對致癌的數字可以少算數千倍、數百倍，對核電成本卻能少算十倍、一百倍。**

事實上在一九九○年，台電自己的統計資料顯示，一九八九年台灣核電的發電成本早就超過燃煤發電一毛錢，證明台電所說的核電最便宜是謊言。台電最怕被戳破此事，便在作帳時把許多成本剔除，拚命製造核電便宜的假象。

連燃料成本都不算在發電成本內，台電乾脆說核電發電成本爲零元算了。台電每年數百億赤字，而用地、建廠成本都是用人民的稅金來負擔，政府當局及台電的天大謊言，是建立在人民血稅上，惡質應加算數倍。

核電建設成本不斷暴漲，技術卻後退

世界上大部分的工業產品都是生產量如果擴增，則技術進步且單價下跌，也就是會有「技術學習效果」，但只有核電這項產品不符合這個原則。

三一一福島核災發生後，美國大型電力批發業者之一的NRG能源公司，在四月宣布中止與東芝在德州南部興建兩個原子爐的計畫，最主要的原因是對核災的恐懼，以及廉價的天然氣大增產，核電的價格優勢降低，建設費用越來越高。

德州的兩個原子爐在二〇〇六年時估價需要五十六億美元，但四年後就膨脹爲三倍，也就是一百八十億美元，因此電費不得不訂得比市場價格高，爲此無法抓到大戶買電。這些大戶都不想跟核電廠訂長期契約，因此NRG執行長葛來恩（David Crane）認爲「爲了建核電而調度資金的風險太大！」亦即如果是一般企業的話，核電是很快會遭放棄、終止的。

興建核電廠的成本越來越高，不僅在日本和美國如此，法國核能公司阿海琺在海外出口策略中，第一號爐是建在泥沼地的芬蘭歐基盧歐圖核電廠的三號機，當時宣稱是有史以來最強大的原子爐，興建速度會更快，造價會更便宜，估價三十億歐元，但現在已經膨脹爲五十六億歐元，而且看起來要八十億才能建造完畢。事實上，建廠時問題百出，縫隙非常多，雖然外牆不符規格可以打掉重做，但還是相當恐怖。承建的阿海琺也因此在二〇一〇年出現史上首次的虧損。核電出口本身現在都是賠錢的，像日本背後是有政府開發援助（ODA）撐腰，讓出口對象國接受。

核電廠的造價從二〇〇〇年起大幅攀升，事實上不僅興建中的核電廠越來越貴，即使已在運轉中的核電廠也是成本越來越高。按理這是自由競爭市場，成本卻會越來越貴，理由是對於核電安全標準的要求與年俱增。另外，由於原子爐並非每年都在同一地點建好幾個，不同地點就需要變更細部的設計，因此原子爐的量產無法反應在單價上。

造價越來越高，技術卻越來越差，主要原因是大量建造結果，現場都是素人，問題很多，尤其歐美都是雇用不同語言的外籍素人勞工在建廠，彼此溝通困難，而工程常常不時必須重來，興建時間也因此不斷延長。

台灣核電其實也有人才荒，大部分有點經驗的工程師都在近年退休，而過去因爲一度朝廢核邁進，許多大學取消核電相關科系，建造或維修現場的技術水準也不斷劣化，雖然台電不承認，但在第一線維修或建造的臨時工有許多都是素人。

由素人建造核電、維持核電的問題，全球都差不多，像法國在一九八八年前都還是由核電公司員工承建，但後來爲了降低成本而發包出去。日本比法國更早就發包出去，轉包好幾手，因此日本配管監工平井憲夫就曾呼籲核電第一線都是素人，沒核安可言，日本大約從一九八五年起，核電現場就已經沒有熟練工了。

核四要花台灣人多少錢？——三千億建爐、六千億拆爐

台灣的核四，原本估計造價是一、六九七億，但民國一〇〇年六月十三日立法院又通過一百四十億，核四已砸下逾二、六四〇億元。民國一〇一年度仍會繼續編列相似的預算，直到工程全部完工爲止。亦即只要核四續建，台電就能不斷來勒索預算，看來最後至少要三千億元才能擺平吧！

核四之所以花這麼多錢，並非爲了安全而不合格就重建，而是因爲要照顧的廠家太多了；並非因爲對品管要求嚴格，反而是任憑許多偷工減料或草率怪異的設計橫行，而且各種零件的廠牌不同，才會造出高達四十萬個接頭的史上空前大怪獸來，萬一發生問題，任何天才都無法因應。

有位日本核電專家對我說：「眞的難以相信！那麼多頭分工、拼裝，連做玩具都很危險，更何況是人間原本最棘手的核電呢？未免太開玩笑了吧！」

核四成本也不只是至今的建廠費，未來只要一灌入核燃料，先別說沒核安可言的核四可能瞬間引發難以想像的核災，只要一運轉就又有好幾千億元的拆爐費在等著。現在

全世界都慢慢知道拆爐費最後至少是造爐兩倍的價格，而且只要一啓用，劇毒的用過核燃料問題也跟著來，早已束手無策，即使神通廣大拿到國外去安置，也是危害他國，而且費用也是天文數字，這些，都是核四的成本。

建在活火山和地震斷層附近的核四，是全世界罕見的大拼裝貨，單從這令人難以置信的分包體制來看，日本核電專家菊地洋一給核四打三分，而且是一百分裡的三分。果然，二〇一〇、二〇一一兩年事故連連，錯綜複雜的電纜亂牽亂標，難怪主控室一通電就要跳電失火。二〇一一年的人爲疏失尤其多，例如門閥沒關好漏水或粉塵大量外洩到宛如爆炸程度。而且許多基本設計駭人，像主控室竟建在爐心下方的地下室，別說海嘯來首當其衝，二〇一〇年只是颱風來就淹水了。核四至今變更的設計不計其數，而且還持續對外隱匿實情。

雖然核一廠是老爐、缺陷爐，但其實核四也很老，數位機器都已是骨董級，鋼筋水泥劣化，加上問題更複雜，危險性不會小於核一廠。核四即使現在停工，要違約賠償也不過一百億元，因此早該停建了，除了免讓台電繼續勒索外，千萬不能繼續砸錢製造如此巨大的核彈來炸自己！

造價昂貴、預算節節攀升的台灣核四

核四的工程層層分包，是名副其實的拼裝貨

一號機
改良型沸水式核能反應爐 ABWR-3
發電容量：135.0萬千瓦（亦即1350百萬瓦）
承包廠商：GE、東芝（日立）
汽渦輪機：三菱
圍阻體：鋼筋混凝土（非不鏽鋼，內部才採不鏽鋼板覆面）

二號機
改良型沸水式核能反應爐ABWR-3
發電容量：135.0萬千瓦（亦即1350百萬瓦）
承包廠商：GE、日立（東芝）
汽渦輪機：三菱
圍阻體：鋼筋混凝土（非不鏽鋼，內部才採不鏽鋼板覆面，防輻射外洩功能弱）

核島
核島區工程：新亞建設
焊接：中鼎
整合總顧問：史威公司、URS
主要土建：大棟營造、中鼎集團（益鼎等）、達欣工程、尚禹營造、立誠營造、合億營造等
焊接、土建的轉包、分包廠家數不清

專家對核四的安全問題提出警告

◎核四的顧問公司URS在2010年建議「核四應重新設計，否則會釀成大災」。

◎核二、核三廠顧問公司貝泰公司的退休顧問表示，核四真的比核一、核二、核三危險。（非核家園會前會發言）

◎日本核電工程師菊地洋一表示，核四若由他來監造，會「要求全部重做」；核四鋼筋鏽蝕的問題嚴重、混凝土工程品質差，頂多10%的工程勉強合格。

◎日本京都大學原子爐學者小出裕章指出，核四若發生爐心熔毀、圍阻體受損，導致輻射外洩，後果是急性死亡三萬人，致癌死亡達七百萬人；台灣核四採用改良型沸水式原子爐（ABWR），是爐內泵方式的冷卻水再循環，連結部位脆弱，耐不住地震，釀災可能性高。

核四造爐昂貴，廢爐更昂貴

最初預算：1,670億元
2011年11月追加後總預算：2,737億元
估測完工總價：3,200億元以上
◎若加上燃料成本、中高階核廢料處理，以及廢爐拆爐費，總費用至少一兆二千億元以上
◎以上皆未加上保險費、核災處理及賠償費（兩者都是天文數字，無法估算）

核四預算不斷追加，有如無底錢坑

1980年	提出計畫
1982~1986年	中央政府總預算中編列110億元，並執行31億餘元。
1995年、1996年	分別通過核四預算1,126億餘元
2011年3月11日	福島核災發生
2011年6月11日	通過140餘億元追加預算

未來預計將再追加440億元
總造價？　　估計3,200億元以上
未來燃料棒成本，一年30億元，運轉四十年，共1,200億元

追加預算前例：
核一廠的原始預算為127.9億元，追加六次後為296.2億元
核二廠的原始預算為219.5億元，追加四次後為630億元
核三廠的原始預算為357.7億元，追加三次後為974.5億元

核廢料處理費用預估

◎高階核廢料
台電無處理能力
使用中繼儲存設施等，一噸約需費用4,500萬元，假設核四運轉四十年，產生二千三百四十噸毒性億倍且十萬至一百萬年不滅的高階核廢料，中程處理費用達1,100億元以上。
◎中低階核廢料
估計達二十六萬桶，無處安放，無法估價

廢爐費用預估

估計達六千億元以上
以美國Zion核電廠以及法國超級鳳凰核電廠的廢爐、拆爐前例，廢爐的費用是造爐的兩倍。

（製表：劉黎兒）

關閉一座核電廠的代價

福島核災發生後的五月十七日，台灣原能會在萬里核二廠舉行核安演習，馬英九總統出席時表示，如果發生核災，如電力全部喪失的「全黑事故」，他會斷然把核電廠關掉、廢掉，說得好像很有氣魄，但這是很沒常識的說法。核電廠即使沒發生核災，要關掉也不容易，更別說發生核災，怎麼關也關不掉。

像福島核一廠要關廠，至少需要百年的時間，別說三個爐心下落不明，現在三個爐都無法接近，三號爐的輻射濃度最高，而一號爐附近突然又測到有配管的輻射值是十西弗，因爲排水嚴重汙染海洋，要先做地下壁來阻隔，完成至少要一、二年，而至少要等五年後才能蓋石棺來封。就算蓋石棺，像車諾比核災已經發生二十五年了，現場至今也還需要三千九百人維持控管，而且石棺會腐朽，隔個二、三十年要做第二石棺，然後再做第三石棺、第四石棺，這是以百年爲單位計算的大工程。不僅核廢料的處理，拆爐本身也給子孫造成很大的負擔，都是在花用子孫信用卡。

即使沒有發生核災的爐要拆爐，同樣是數十年的大工程。日本第一座商用爐——東海核電廠的原子爐，拆爐已經搞了十二年，預計至少還要九年以上，結果從原子爐停止運轉算起，至少要先花二十幾年，而不是台電宣稱的六至十年就能拆完。而且拆爐過程需要許多人被曝，這樣的作業越來越困難，費用也越來越高。

這個爐是日本第一座商用爐，規模很小，發電容量只有一六·六萬千瓦，是英國製黑鉛爐，經濟效率差，提前退役，從一九九八年停機之後，光是周邊拆遷，至今都還沒完成，而原子爐本身至少還要等三、四年，到二〇一四年以後才能開始拆，這樣一個小爐估計拆爐要一千億日圓以上，而事實上也還會不斷追加，時間也會不斷延後。另外在敦賀，發電容量只有一六·五萬千瓦的新型轉換實驗爐，因爲使用混鈽的燃料，拆爐費用將高達二千億日圓以上。

拆爐後的廢棄物處理也很困難，尤其高放射性的燃料棒、原子爐本身或原子爐用過零件，都是中階甚至高階放射性廢棄物，都沒地方去，都需要特別處理。

根據電力業者公會的「電事連」在二〇〇二年試算五十個原子爐的善後費用約爲二十六兆六千億日圓，一爐平均是五千三百二十億日圓。到二〇四五年爲止，日本全國拆爐至少需要三十兆日圓，亦即台幣十兆元，絕不是號稱幾百億日圓就能了事的。事實上，五、六千億日圓要拆爐已經越來越困難了，拆爐費用也跟造爐費用一樣，不斷暴增中。

拆爐費用是造爐的兩倍以上

法國在一九七六年建造的高速衍生爐「超級鳳凰」，在二〇一一年因爲超誇張的拆除工程費用而遭到批判，也使世界各國警覺到，核電不是輕易能玩的，後端的費用昂貴多了。

超級鳳凰的造價原本就超級昂貴，是九十億歐元，而現在拆爐的費用大概會是造爐的兩倍。這個原子爐在一九九七年停機，法國電力公司花了十三年拆爐，至今尚未完工，一方面因爲是衍生爐格外難纏，例如冷卻用的液態鈉，遇空氣會燃燒，遇水則爆炸，在移除過程中必須非常謹慎小心。一九九四年法國某核電廠就發生過液態鈉處理失當，有技工死於爆炸。拆爐的十三年來，爲了五千噸的鈉維持液態，必須耗電維持一百八十度的高溫，這麼多年才終於把這批鈉經化學處理成三萬七千塊的一尺立方水泥塊，而且還不知日後要怎麼處理。

這就是所有核電廠最大的問題——即使停機拆爐了，那些高放射性的核電廠廢棄物不知道要放在哪裡，目前也只好暫存廠內，像超級鳳凰，最終將有五十萬噸核電廠廢棄物，擺到哪裡都不是，幾十年後誰會記得，非常恐怖。

拆爐的費用越來越貴，也是因爲輻射汙染嚴重，電力公司的員工自己不願動手，於是不斷分包給素人來拆，效率低。現代人逐漸認知到輻射物質的危險性，輻射被曝的代價越來越高，而且拆掉的廢棄物處理代價也越來越天文數字化。說核四要用六千億元善後，一點也不誇張。

理由5

地震頻仍的台灣，沒有建核電廠的本錢

台灣島是造山運動後出現的島嶼，地質不穩定，活動斷層密布是很自然的，根本沒本錢建造核電廠。

全台灣共有三十三條活動斷層，台北盆地下方的「山腳斷層」，一旦活動，可能引發規模七以上強震，台北盆地恐將因強震造成土壤液化。二〇一〇年十一月，中央地質所調查發現，核一廠距離「山腳斷層」僅七公里，核二廠僅五公里，就連核四附近，也有六條非活動斷層。

台電自己在二〇一一年九月中旬發表委託中興顧問工程公司調查核電廠鄰近斷層

的研究報告指出，位於台北盆地內、緊臨核一、核二廠的山腳斷層，從四十公里延伸為八十公里，對核電廠的威脅大增，更可能延伸至一百二十公里，台大地質系教授陳文山指出，若斷層全部錯動，可能引發規模七．五至七．八級強烈地震，這早就超過核一、核二廠的耐震能力了，陳教授還比喻，相當於五百顆原子彈爆發。

四座核電廠都緊鄰斷層地帶

但是台電自己號稱核一、核二廠可以耐住震度七級的地震，不知道憑據何在。日本核電廠的耐震係數都比核一、核二廠高，甚至還有達二倍、三倍的，但都耐不住六級地震，台電撒謊不打草稿。日本核電廠在一九九五年阪神大地震後，耐震係數都提高至〇．六G，在東海地震帶的濱岡核電廠甚至提高至一G，但因為被認定危險，濱岡核電廠還是關閉了。

台灣四座核電廠的耐震係數只有〇．三G或〇．四G，不如福島核一廠，這種耐震度不僅無法抵擋三一一東日本大地震，甚至還停留在阪神大地震以前的基準。

距離核三廠只有一．五公里的恆春斷層，由存疑性活動斷層改為第二類活動斷層，但台電還是堅持核三廠〇．四G的耐震係數是足夠的。看政府說明，才知道這是以發生在距核三廠三十五公里外的地震，經距離衰減後，推定核三廠的耐震係數為〇．四G，亦即假定地震震源離核電廠很遠，不需要高度耐震，用這種天眞的思維在搞核電，荒謬到近乎搞笑的程度。

日本地質學家塩坂邦雄曾經調查東海地震與濱岡核電廠，而指出濱岡的危險性，日本政府也依言將耐震達一G的濱岡核電廠關掉了。他是東海地震研究的第一把交椅，也是對濱岡核電廠最熟悉的地質學者。

塩坂邦雄在二〇一〇及二〇一一年兩度到貢寮的核四廠區附近調查。二〇一〇年事前有充分準備，在整整三天的勘查後，他在核四廠區內外都發現斷層，廠區的深水池旁有一道長度大約五、六公里的古老斷層，無法推測活動狀況，但這條斷層僅離爐心五百公尺，對核電廠安全有一定的危險性。在離核四廠區一．五公里處的澳底漁港東南方方向則發現了兩條斷層，長斷層是往右橫移的斷層，又在岸壁發現斷層美麗平滑的鏡面，加上附近堤防上往右旋轉的裂痕，推測此斷層在最近三十年間曾錯動過，但無法確定是否爲活動斷層。無論活斷層或死斷層，一旦發生地震，在斷層帶上的地表搖晃震度將會提高一至一．五倍。

台電人員則表示核四附近的「枋腳斷層」，最近一次活動是三萬七千年前，屬於死斷層，但事實上，一般地質學基準是十萬年以上不活動才算非活斷層，台灣定義活斷層爲晚更新世（一二．五萬年）以來曾活動過的斷層，日本則爲新生代第四紀（約一百萬年前），台電人員的說法離譜，拚命想判「枋腳斷層」死刑。

塩坂和其他許多地質學家都一再指出，看似不活動的斷層，其實隨時都可能活動的，而且宣判斷層死活沒有意義，主要是如何防震，核四的○．四G根本差太遠。

此外，塩坂於二○一一年九月以探地雷達掃瞄核四廠區外的地質，發現爲古老破碎帶，且面積相當大，破碎帶內飽含水分，容易導致兩邊地層滑動。核四廠的機組與日本柏崎刈羽核電廠的六號爐和七號爐都是所謂「改良型沸水式原子爐」（Advanced Boiling Water Reactor，簡稱ABWR），二○○七年發生芮氏規模六．八地震後分析，發現此型抵抗垂直搖晃的程度較弱。二○○九年計畫中的東通核電廠二號爐（現已不可能興建）也打算用這種改良型沸水式原子爐，設計時把廠房的底面積擴大成兩倍。

依台電核電廠的選址規定，距廠址八公里內不能有長度超過三百公尺的活動斷層，但事實上四座核電廠皆不符合標準，雖然表面上的理由是設廠時尚未確認爲活動斷層，但也可能是建廠前台電調查早已知道，卻隱匿不說。

核四廠區的半徑八十公里海域內，有七十幾座海底火山，其中的十一座是屬於活火山的狀態，而且最近一座僅距離二十四公里。此外，沖繩外海也有海底火山，距核四廠址二十幾公里的龜山島本身就是活火山，而龜山島外海往東五十至一百公里處，約有近七十座海底火山。

若有大地震來襲，很可能引發嚴重的核電事故，全球沒有任何核電廠像台灣的核電廠離海底火山這麼近，台灣核電廠破世界紀錄的地方實在太多了。

史上規模八以上的地震都與海溝有關，海溝即爲板塊交界斷層。台灣本身就是由歐亞大陸板塊、沖繩板塊和菲律賓海板塊擠壓而隆起的島嶼，附近都是最容易引發地震的海溝。

台灣東邊，花蓮外海有東西向的琉球海溝，很可能發生規模八以上的淺層地震。花東沿岸縱深足夠，海嘯不易發生，但蘭陽平原的海岸線低於海拔五公尺，一旦琉球海溝引發地震，易遭侵襲，東北角如野柳和福隆皆爲沙岸，八里、林口和淡水地勢低緩，基隆往北到金山地勢低平，都很容易發生海嘯。另一方面，台灣西邊，金山往南到嘉義，因台灣海峽淺，不易有海嘯，但是高雄外海水深，若南部馬尼拉海溝發生大地震，海嘯會直接衝入高雄，並延伸至恆春半島。

原本東亞的整個地區都布滿無數的斷層，不適合興建核電廠，台灣尤其夾在幾個不安分的大板塊之間，遭地震、海嘯來襲的可能性非常高。日本擔心明天發生也不奇怪的芮氏規模八的東海地震眞的會來，爲此關閉了耐震係數高達一G的濱岡核電廠，其實若東海地震發生，也會影響到台灣的。

按常理，若要對犯人定罪，沒有確切證據是不行的，但核電不一樣，只要有點嫌疑就不能進行，但台電長年以來把斷層、海底火山等調查確證隱匿起來，直到二〇一一年九月才公布部分，而硬在活斷層上造核電廠，耐震係數又差福島核一廠一大截。

在福島核災之後，原能會副主委黃慶東還敢說「核四興建在岩盤上，就像菩薩端坐在蓮花座上般安穩」，而且以「生吃都不夠」來比喻日本輻射塵飄到台灣的機率，這種心態令人顫抖心寒。原能會主委蔡春鴻擔任理事長的核能學會，還刊登出令人不能不爆笑的世界新說，如「核電廠不是堅若磐石，因爲它就是磐石」「台灣核電廠是地震救星」，令人懷疑搞核電的人不是白癡或抓狂，就是利權讓他們把自己的良心都鎖在冰櫃裡了。

日本地震專家、神戶大學教授石橋克彥很早就提出「核電震災」的概念，亦即地震會造成難以收拾的核災，福島核災就應驗了，而爲了擔心再度發生，濱岡核電廠才會關閉。無論地震專家或核電專家都一再指出「核電不是爲了建在活斷層上而設計的」，即使沒有活斷層，也可能有什麼因素觸發直下型地震，因此地震國不適合發展核電。

曾任日本前GE核電設計、施工監督工程師菊地洋一表示，核電廠至少要有一G的耐震係數，但要投入的成本恐怕非常高，也未必有效，以濱岡核電廠爲例，就算修到一G，恐怕還是不夠應付地震。

耐震補強的工程非常困難，中部電力公司估計濱岡核電廠一、二號機如果補強，至少要花三千億日圓，結果只好決定將這兩爐廢爐。而且補強其實都是補圍阻體下面的部分，至於最令人憂心的配管部分卻是無法補，因此日本福島災後的二〇一一年六月，只好將補到一G的濱岡核電廠全機停機。菊地等核電專家也都指出，核電廠即使不發生核災，善後費用驚人，不輸造爐，因此台灣的核四廠不運轉才划算。

國際公認台灣核電廠最危險

台灣這樣的核電廠至今還沒發生大核災，眞的是天佑台灣，但天下無僥倖，像福島核一廠和已停機的濱岡核電廠被評爲最危險的核電廠，福島核一廠果然發生了空前慘痛的核災，日本因此把濱岡停掉，接下來就是台灣了，在廢核之前，每一天都是賭注，台灣人得提心弔膽過日子。

福島核災後，台灣的核電廠頓時成爲國際矚目的焦點，國際間不管從哪個角度都認爲台灣的核電廠危險度是世界第一的。

全球十四個高風險爐，台灣核一、核二廠的四爐全上榜

《華爾街日報》在福島核災發生後的三月二十一日，引用「世界核協會」所提供的資料，以全球四百多個商轉爐的地理位置，以及一百個規劃完畢或興建中的原子爐位置，加上美國地質調查所一九九九年研究以及「全球地震災害專案」與「瑞士地震研究所」的相關資料，測定每座核電廠的地震風險。全球的十四個高風險爐中，台灣核一、核二廠的四爐全上榜。

報導指出，調查的這些爐當中，有四十八個爐位於已知至少會發生中度地震的區

域，其中包括日本福島核一廠；十四個爐位於地震較頻仍的區域，全集中於日本和台灣；十七個爐的地點距海岸線不到一．六公里，包括台灣核一、核二廠的四個原子爐，以及日本的濱岡、美濱、文殊、敦賀和志賀等十一個原子爐，面臨地震和海嘯的雙重威脅。核一到核三廠全都建造在主要地震斷層帶上，興建中的核四則靠近人口密集的台北市與新北市。

對於這項報導，雖然《華爾街日報》引據確鑿、公平分析，但經濟部長施顏祥卻表示《華爾街日報》不過是「一般論述」，而原能會還認爲，該報導未標示出斷層帶位置，「準確度讓人懷疑」，但事實上台灣的四處核電廠附近有斷層的事實，早已相繼被證實。

日本對於外國報導、報告或專家勘查的結果，即使是持反對意見，也至少會表示要加以檢討或採取對策，因爲核安攸關人民的身家財產，但台灣的核電當局卻是先否認到底，或乾脆加以忽視。

地震、海嘯、洪水的三重威脅

不僅《華爾街日報》，**國際知名的風險評估公司 Maplecroft 也指出台灣的四座核電廠是全球少數會同時遭逢地震、海嘯、洪水等三重威脅的核電廠。**

英國《獨立報》報導，Maplecroft 最新研究發現，全球四百四十二座核電廠中，十分之一以上是位於「高風險」或「超高風險」地震區，其中包括台灣、日本、美國、亞美尼亞和斯洛維尼亞，專家警告，這些核電廠面臨著類似福島核一廠的危機，但因應能力恐怕不及日本。日本、台灣、中國、南韓、印度、巴基斯坦以及美國等地的七十六座運轉中的核電廠，都位於可能遭海嘯來襲的海岸。

Maplecroft 的自然災害分析專家霍奇（Helen Hodge）表示，一些國家正面臨與日本核電廠類似的風險，她特別點名南韓、台灣、中國南部、印度、巴基斯坦以及美國西岸等海嘯可能發生的地帶，都有運轉中或將興建的核電廠設施。《獨立報》報導指出，倫敦帝國學院榮譽教授、物理學家巴納翰（Keith Barnham）指日本技術先進，但災後仍碰上棘手問題，而那些在地理上安全性更差、技術更落後的核電廠，更值得憂慮。

三位核電專家的警告

菊地洋一曾經到過台灣的核四廠參觀，他主要是從核四多頭分包體系，以及施工現場狀況，對核四打下三分的超低分，因爲是一百分裡的三分。福島核災過後，他對核四的未來更加憂心。

菊地洋一到核四參觀時，目睹生鏽的零件散亂，台電更將工程管理都丟給下游包商，沒有好好監工，品管水準很低，若是正式運轉，遇到地震、發生核災，將無法收拾，會「整個台灣恐怕都不能住了！」

撰寫《原子爐定時炸彈》《把核電建在東京》的知名作家廣瀨隆，曾當面對我表示：「下一個最可能發生核災的地方，大概就是台灣！」而且主動提到核四，直搖頭嘆氣說：「唉！第四核電廠！」他也認爲日本核電「御三家」——東芝、日立和三菱，是把在日本已經賣不出去的核電出口到台灣，跟核四同樣使用改良型沸水式原子爐的柏崎刈羽核電廠六號爐，從一九九六年十一月開始運轉後，事故連連。

廣瀨認爲，**地震、海嘯是無法避免的天災，這是日本的宿命，但悲慘的核災卻是人禍，不僅電力公司等核電當局應該負責，至今未曾警告核電危險性的媒體，以及擁核的御用學者專家，也必須負絕大的責任**。

小倉志郎（東芝前燃料冷卻池設計工程師、核電廠監督管理）表示，核電廠裡耐震度高、建築堅實可靠的頂多是原子爐本身，其他像燃料冷卻池根本很簡陋；原子爐廠房是厚厚的水泥牆，鋼筋特多，原本上下應同樣厚重，但爲了節省成本，上面越來越薄，包圍燃料冷卻池的牆壁和屋頂相當脆弱，屋頂或許承受一個人的體重沒問題，眞的跟一般的室內游泳池沒兩樣，燃料池原本只是爲了更換燃料時暫且存放的，談不上耐震。

小倉還表示，像台灣那樣把幾十年來都沒處理的一萬數千組用過燃料棒全擠在燃料冷卻池裡非常恐怖，是全世界絕無僅有的，日本雖然也因無法將用過燃料棒全數送到國外處理，只好放在池裡，導致中繼儲存池爆滿，新的還沒建好，但數量不像台灣那麼多。密度越高就越危險，台灣這種密度是全球最危險的吧！

小倉認爲，燃料池裡棒束間的距離非常重要，否則有點擠壓就容易發生臨界現象，不要說是從上方丟炸彈或飛機失事，只要從天井或池的上方不愼掉什麼下來，抑或只是池邊有工具不小心掉到池裡，壓到燃料棒，讓燃料棒破損，就有可能造成核反應。池裡的燃料棒密度越高，越可能釀成核災。

理由6

世界最密集、最危險的燃料池就在台灣

核電當局常宣稱「核電是最乾淨的能源」，這是天大的騙局，核電廠其實是「沒有廁所的公寓」，用過核燃料和核廢料沒去處，而且是非常骯髒的能源，甚至被稱爲「髒彈」，核電廠留下的高階核廢料，是會遺毒十萬年的超級「負的遺產」，禍延子孫。

用過的燃料棒和核廢料無處可去

在福島核災之後，不僅日本人民，世界上大部分國家都已經把核能當作「瘟疫」來對待，而不再像石油危機時當作救世主來看，而核電很髒也已經是公開的祕密。

核電不僅在發生核災時會不斷放出令人類致癌的輻射物質，汙染大氣、海洋、土壤，毒害生物以及人類食材，即使沒發生核災，也有用過燃料棒的處理問題，以及燃燒過含鈽燃料，毒性是沒燃燒過燃料的一億倍。另外，被歸類爲低放射性的廢棄物也沒去處，而且當中其實也常含有高階核廢料。

在核電發展初期的六〇年代，人們都只關注如何讓核燃料有效地連續發生核反應，沒有人注意到核反應發電後的副產品，也就是用過燃料棒和核廢料的問題，而即使現在注意到了，也還是無法解決。

人類至今找不到處理核廢料的辦法，眼看著將來也不可能找到，因此連使用核電的基本資格都沒有，尤其東亞地區都是新生不穩定地層，找不到安定板塊來掩埋這些棘手的劇毒核廢料。擁核的人應該先想想，台灣這麼一座小島，現在就已經擁抱著近五千噸劇毒的用過燃料棒，以及中低階核廢料近五十萬桶。

剛用過的核燃料因爲含鈽，毒性是沒用過的一億倍，而且毒性要十萬年才會逐漸消失，最初要一直放在燃料冷卻池裡降溫。日本雖然有送到英、法去處理，但也還是爆滿，日本列島早已成爲核廢料列島，用過燃料棒有五萬九千束，重達一三、五三〇噸，非常可怕。台灣的燃料棒數量也有日本的三分之一，非常棘手。

燃料棒理應約每年換四分之一，每四年一個循環，但現在各核電廠的冷卻池都大爆滿。燃料棒在池裡保持距離非常重要，否則很容易發生核反應，爆發嚴重的核災，不要說是從上方故意丟炸彈、飛機失事或從天井掉東西下來，即使只是池邊不小心掉了什麼到池裡，都可能讓燃料棒破損而導致核反應。

燃料池的危險性其實高於構造嚴密的原子爐，但核電業者都故意不提這個問題的存在。燃料池大多建在核島內原子爐的上方，是非常簡陋的暫定設備，原本只是在定檢時暫時存放取出的使用中的燃料棒，但像現在日本國內的中繼儲存設施不足或還沒有永久儲存設施，因此用過燃料棒目前都「暫放」在燃料池裡，一暫放就是好幾年或好幾十年。

取出的用過燃料棒沒地方放，無法換新棒，核電廠就會因爲燃料棒沒去處而無法持續運轉，因此有的核電廠如福島核一廠，便在廠裡建造所謂的「中繼貯藏設施」，也是一種燃料池。福島核一廠有，其他地方未必有，東電現在正在青森縣下北半島北端大間核電廠和東通核電廠之間的むつ（mutsu）市海邊，興建一個「中繼濕式貯藏設施」，雖然工程因地震而暫告中斷，但東電還是打算明年開始運轉（貯藏能力三千噸，另外再造一棟，最終儲存量爲五千噸），這種中繼貯藏設施其實也只是急就章而已。雖說是稍微低溫化的用過核燃料，但即使從爐心取出五至十年，其實都還有七十度左右，還會長期釋出輻射線，因此也是非常棘手的玩意。

另一方面，日本同樣爲了找不到永久儲存設施的候補地點而傷腦筋。原本打算在二〇一二年十月運轉的六所村再處理工廠的落成一直延後，是否眞能運轉很有問題。此外，在工廠將鈽和燒剩的鈾分離回收而加工成MOX燃料，過程本身也非常危險，用MOX燃料也很危險。

這就是核電廠「沒有廁所的公寓」的寫照，亦即在公寓（核電廠）的居住者（原子爐），沒有廁所（儲存用過核燃料的設施），只好跟自己的糞尿（用過核燃料）繼續同處一室，只要這種情形持續下去，核能不能不說是「骯髒的能源」。

高放射性廢棄物現在有〈倫敦條約〉以及〈巴塞爾條約〉的規約，限制拋棄到海外、海洋或是有毒核廢料跨越國境移動等，因此幾乎無法拿到外國去丟了。

用過核燃料含鈽，半衰期長達二萬四千年，即使放了十萬年，也還有十分之一的輻射能。全球現在只有芬蘭正在建設一座永久的核廢料儲存庫，但無法保證未來的人類不會當寶挖出來而造成驚人的禍害。芬蘭在離首都赫爾辛基數百英里遠的小島上，挖掘了一座地下儲存庫，從上世紀挖到現在，預定在二〇二〇年完工的這條隧道將有三英里長，一千六百英尺深，貫穿芬蘭地底有十八億年歷史的結晶片麻岩層。儲存是否會成功尚未可知，但北歐是地處數億年都很穩定的板塊，而亞洲現在大搞核電的日本、中國和印度卻都是地震大國，未來不知道如何永久儲存這些劇毒的用過核燃料，問題根本無解。

日本現在認爲，走投無路的用過核燃料只有兩個做法，一個是永久儲存在福島核一廠內，反正現在誰都知道該廠方圓五公里之內已經是不得不永遠放棄的死地了，另外一個就是跟俄國簽約，拿到西伯利亞去儲存，但日本和俄國因爲有北方四島的領土糾紛，現在的關係並不是那麼好。台灣也曾想把核廢料拿到北韓或蒙古等地方去，但都沒成功。現在各地居民意識覺醒，不會爲了台幣數千億元就接受這種十萬年毒性無法消失的用過核燃料，而且把這種禍患轉嫁給別國也不人道，台灣只能在這麼小的島上一直擁抱用過燃料棒十萬年，還能活嗎？未來只能祈禱全球一起廢核後，合力解決。

一萬五千束用過核燃料，猶如不定時炸彈

台灣的核電廠除了位處地震頻仍地帶、加上核電沒核安可言之外，更根源性的問題是沒辦法處理用過核燃料，因此原本就沒有使用核電的基本資格。累積一萬五千多束劇毒的用過核燃料，宛如綁了近五千噸的核彈在台灣人的脖子上，但台電卻從不提這個世界最密集、最危險的燃料池問題，不顧台灣人死活。

東芝前核電工程師小倉志郎是專門設計燃料冷卻池的，他對我說：「按理，不需要反核，因爲各處核電廠的燃料冷卻池現在都爆滿了，新的用過燃料棒根本沒去處，無法更換，核電廠就無法運轉了！」這就是爲什麼東電會急於興建新的中繼濕式貯藏池。

台灣更恐怖，用過核燃料找不到去處，也無法送到英、法處理。目前的三座核電

廠，總發電量約五、一四四百萬瓦，每年用過燃料棒約一百五十噸（約五十七立方公尺），從一九七八年核電廠啓用以來，三處核電廠的用過燃料棒都放在原子爐上方的燃料冷卻池，而且超級爆滿，密度是世界第一：核一廠燃料池有五、五一四束，核二廠七、五四四束，核三廠有二、四〇一束，全部一萬五千四百五十九束，核一、核二廠的池內，束與束都快碰在一起了。台電聲稱這不會發生核反應，當然是騙人的。

1.原本燃料池的設計是只能放兩千多束，而且是爲了定檢或更換燃料時用來暫放的簡陋設施，上方是輕薄的屋頂。因爲燃料池的密度過高，如前所述，只要稍有擠壓或有異物從池子上方掉下，即使只是一顆保齡球，壓到燃料棒，讓燃料棒破損，就可能造成核反應。池裡的燃料棒密度越高，發生事故的可能性越高。

2.燃料池若缺水，雖然不會直接引發核反應，卻會釋放出致死的高濃度輻射線，整座核電廠的人員都必須因此撤離，而無法繼續管理核電廠的結果，會引發核反應等失控的大核災。

3.三座廠當中情況最嚴重的是核一廠，其燃料冷卻池的容量原本就小，使用年份長，池子早就爆滿了，因此在歲修時，無法將使用中的燃料放到原子爐上端的燃料池裡，只能臨時搭個池子來暫放，臨時池當然沒有耐震等功能可言，如果在歲修時發生地震等意外，後果不堪設想。

國際間認爲台灣核電廠是世界最危險的，是下一個最可能發生核災的國度，但他們

都還不知道台灣核電廠的燃料冷卻池也是世界危險的。

台灣要解除此項危險，唯一的方法是以廢核為前提，在各核電廠內興建濕式的中繼燃料棒儲存池。若不先確定廢核，就興建中繼儲存設施，只是讓台電這些最危險的核電廠繼續運轉下去。

台灣的核電廠都離人口密集圈很近，不適合建造沒有水隔絕的乾式中繼儲存設施，否則會放出大量輻射物質，讓台灣人的致癌率又更為升高，目前台灣的各種婦癌致癌率在亞洲都是數一數二，不要為了省幾塊錢，讓台灣人死得那麼快。乾式設施雖然成本比較低，且不須維持冷卻水照顧，但那是像美國等地廣人稀的地區才可能建造，台電想省錢，只想用簡陋的乾式設施來處理劇毒且持續放出高濃度輻射線的用過燃料棒。

台灣成了劇毒核廢料之島

核廢料沒去處，雖然不是台灣才有的問題，但台灣至今處理核廢料的紀錄非常不良，加上即使號稱中階或低階的核廢料，其實也都不斷在造成輻射汙染，有的中階根本跟高階沒兩樣，站在旁邊幾分鐘就會致癌或致死的，因此沒有地方願意接受這些中低階核廢料。

長年以來，台電和原能會沒有好好處理核廢料，甚至容許高濃度輻射汙染的鋼筋、冷凝銅管、長期被曝器材等轉賣以及任意亂埋，而導致整個台灣嚴重的輻射汙染，至今沒解決。例如一九九二年爆出的民生別墅輻射屋事件，被原能會隱匿了六、七年，許多幼稚園小朋友及居民因此白白被曝多年，而其中已有小朋友因血癌死亡。

用了七十五噸輻射鋼筋的民生別墅，當時測到的輻射值，即使福島人也都會大吃一驚，自嘆不如。一九八四年三月，因為遷入的齒科裝了X光檢查室，才有輻射測量計發現那是輻射屋，齒科測到是每小時一三〇微西弗，隔壁音響公司是每小時二八〇微西弗，汙染程度驚人。日本強制福島核一廠四十公里外的飯館村全村搬遷，是因為當地輻射值為八微西弗至十幾微西弗，被認為人無法居住。

這批輻射鋼筋，是從核一廠賣給欣榮鋼鐵的六百噸輻射鋼筋或機材等輻射廢鐵，重新加料生產為七千噸的鋼筋（同一時期全部約二萬噸）。已經稀釋成近十二分之一，又包在水泥牆裡，輻射值都還如此高，可見核一廠的輻射廢鐵，原始的劑量更是數倍或數十倍高，因此一口中階核廢料也可能快速殺人。但輻射是肉眼看不見的，若沒有測量計的數字顯示，即使人在高濃度輻射物質旁，也完全沒有感覺。

同樣在一九九二年，遭美國及國際原子能總署閉鎖的中山科學研究院核能研究所，亦即桃園縣龍潭鄉核研所，後來移轉給原能會，剩下含有鈾、氚的二千噸重砂偷偷埋在大漢溪河底，一九九三年砂石業者採掘後，將該批砂石賣給水泥業者，而且汙染了當時三百萬台北縣、桃園縣的自來水源。核研所至今也還有相當數量的核廢料，實質形同核廢料儲存廠。

這些從核電廠或核研所拆卸後的大量輻射鋼筋、輻射重砂、輻射水等，流到市場及溪河裡，變成鋼筋、水泥、水管、水龍頭、門把、鐵窗、鐵門、欄杆、人孔蓋，甚至在自來水裡，在我們週遭散布輻射汙染，台灣人「身在輻中不知輻」，不知道自己生活在高度輻射汙染的環境中。知情的原能會、台電等，必須全面公開資訊，才能讓如此悲慘的現在進行式成爲過去式。

二〇一一年九月，法國驚爆核電廠放射性廢棄物處理中心的金屬熔爐爆炸，因此才同時爆出台灣原來在核研所也有一個金屬熔爐，雖然原能會聲稱已多年不用，但究竟用了多久、幾年前停用，都沒有說明。中低階核廢料用「燒卻」方式削減容積雖然是迫不得已的做法，但要確保輻射物質不外洩非常困難，需要花費相當高的成本來加強過濾。過去的核研所或現在三座核電廠裡的減容中心，是否有做了足夠的防止外洩設備，令人懷疑。

「燒卻」是把輻射物質最直接傳送到人體內的方法，也因此日本才會對「燒」那麼敏感。京都的大文字燒祭典，只因要燒幾根災區來的可能超標的松木，就鬧了幾個月，結果還是沒燒，但台灣核電當局卻輕易燒中低階核廢料，令人渾身戰慄。

長年以來，核研所所內就可偵測到比環境輻射高數倍的輻射值，附近也有民家小朋友罹患甲狀腺癌，因果關係不言至明。這是第一線的核工研究者所爲，可見完全沒有輻射生物學概念。

在核電廠或核研所附近的居民深受其害，但其實工作人員也被曝嚴重，廢核也將是對核電廠或核研所工作人員的解脫。而且即使核電廠停機、廢爐，都需要專業人才堅守到最後，才不會造成新的輻射汙染，收拾善後、復原環境，對社會和大眾是更有意義的重大使命。

即使不發生核災，台灣核電廠甚至核研所，都不斷在放出低劑量輻射物質。三座核電廠每年會產生一萬五千桶（每桶五十五加侖）的中低階核廢料，三座廠平均運轉三十年了（分別爲三十二年、三十年、二十七年），現在約四十五萬桶，而且還在不斷增加中。即使是中低階核廢料，也要二百、三百年才能遞減毒性，而核電當局至今還曾把近乎高階的核廢料混入其中，恐怖之至。

目前台電將中低階核廢料暫時貯存於蘭嶼及三座核電廠內的臨時倉庫，但因數量與年俱增，各處都已爆滿，逼使台電必須尋求最終的處置辦法，目前選定台東縣達仁鄉與金門縣烏坵鄉，作爲低放射性核廢料最終處置場的候選場址，但當地居民公投是否能通過令人懷疑，這種老把核廢料塞給原住民或偏遠鄉鎮的做法，早該劃上句點了。

理由7

台灣是唯一將核電廠建在首都圈的國家

台灣核電廠的地理位置

核一廠．一九七九年運轉（役齡32） 廠址位於新北市石門區的天然峽谷，離台北市直線距離二十八公里。
核二廠．一九八一年運轉（役齡30） 廠址位於新北市萬里區，離台北市直線距離二十二公里。
核三廠．一九八四年運轉（役齡27） 廠址位於屏東縣恆春鎮，離恆春鎮直線距離約六公里。雖說距離高雄有八十公里遠，但若發生核災，南台灣全部難逃輻射汙染，而且近在咫尺的是後勁與大林蒲這兩座輕油裂解廠。
核四廠．預定二〇一二年運轉 廠址位於新北市貢寮區，離貢寮市街五百公尺，貢寮等於在核四廠內。

假設北部的核一、核二廠發生核災，疏散距離即使只訂爲一百五十公里，台北人得逃到南投縣復興鄉以南；若恆春的核三廠有核災，高雄人得逃到台南新營以北。福島核災在三月十五日之後一週，連在福島核一廠二百五十公里外的東京人和三百公里外的橫濱人，都得往西疏散。若發生類似的災變，台灣人其實無處可逃了。

一旦發生核災，新竹以北的人都得逃！

日本知名作家廣瀨隆曾在二十五年前出版過經典著作《把核電廠建在東京》，意思是政府或電力公司既然宣稱核電是如此安全便利的玩意，那麼乾脆建在東京，就建在人口最多的新宿西口好了，以供電效率而言，不是最好的嗎？爲什麼要建在人口過稀的窮鄉僻壤，是那裡的人死了也沒關係嗎？這是黑色幽默，但廣瀨隆當時沒想到，全世界居然有台灣眞的就是把核電廠建在首都圈！

福島核災後，我在四月三十日於東京一處演講會跟廣瀨隆聊了一下，他當時正呼籲日本人及世人正視福島核災並未朝安定方向前進，也要求日本應該關閉各處建在斷層或預測地震震源上的幾個危爐，而且從長年調查及內部資料來看，他發現沒有哪個爐是安全的。廣瀨隆對我說：「我不知道下一個會重演福島核災悲劇的是日本或台灣或中國，因爲都是地震大國！」廣瀨又感嘆：「是台灣吧！」

不僅廣瀨隆，呼籲應讓東海地震震源上的濱岡核電廠停止運轉的日本核電專家，都更爲台灣的核電廠擔憂，因爲台灣的核電廠集所有惡劣的因素於一身，例如立地於斷層邊、老舊缺陷爐、多頭建造、現場管理困難鬆散等，更嚴重的是，核一、核二廠就在首都圈內，這是全球絕無僅有的。

二〇一一年六月號《自然》期刊的研究報告指出，若以福島核一廠半徑三十公里爲核災避難標準，全球有九千萬人生活在此一圈內，承受著爆發核災的風險。**全球的二百一十一座現役核電廠中，有六座的三十公里圈內人口超過三百萬人，而其中台灣就占了兩座**——台電核一、核二廠的三十公里圈內，人口超過五百萬，相對於此，福島核一廠的三十公里圈內是十七萬人，地廣人稀多了。台灣其實是全世界唯一把核電廠建在五百萬人口的首都圈內的。

以色列原本二〇一〇年打算在南部的內蓋夫沙漠建核電廠，離耶路撒冷十公里，建在首都圈的程度跟台灣有拚，但福島核災發生後，以色列判斷這是天災加人禍，隨即宣布取消建核電廠的計畫，所以現在還是只有台灣把核電廠建在超高密度人口的首都圈內。

台電核一、核二廠的三十公里避難圈是已經包含台北在內，但福島核災發生後，美國實際設定的美僑避難圈是八十公里。事實上，核災後，連在四十公里計畫避難圈外的福島縣民也飽受高濃度輻射汙染之苦，福島七六%的學校被曝量超標，因此避難圈定

台灣的核電設施分布圖

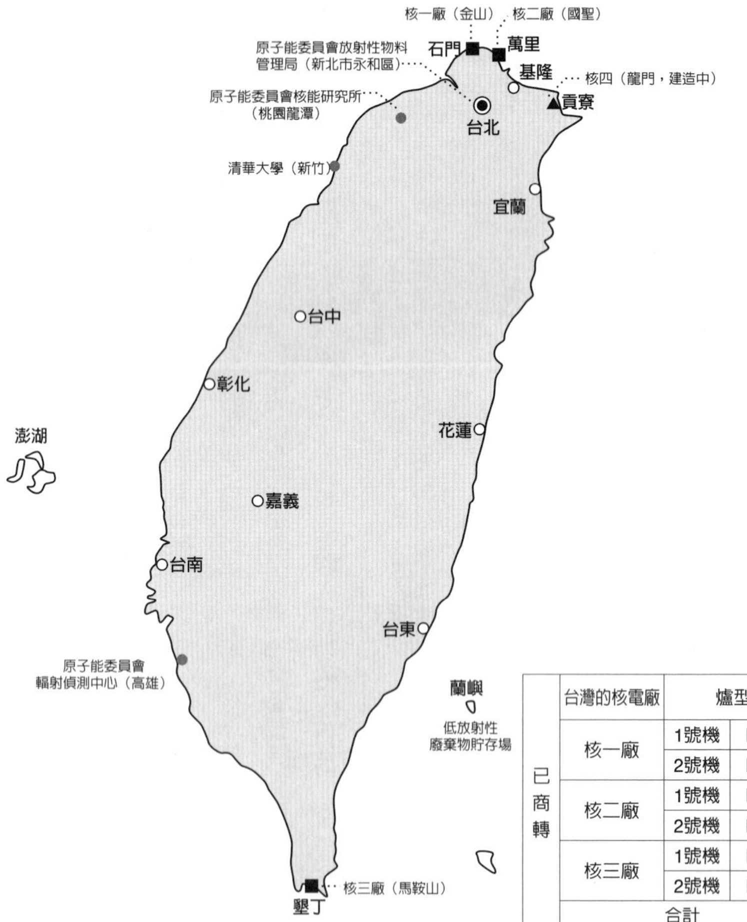

	台灣的核電廠	爐型		發電容量（萬千瓦）
已商轉	核一廠	1號機	BWR	63.6
		2號機	BWR	63.6
	核二廠	1號機	BWR	98.5
		2號機	BWR	98.5
	核三廠	1號機	PWR	95.1
		2號機	PWR	95.1
	合計			514.4
建造中	核四廠	1號機	ABWR	135.0
		2號機	ABWR	135.0
	合計			270.0

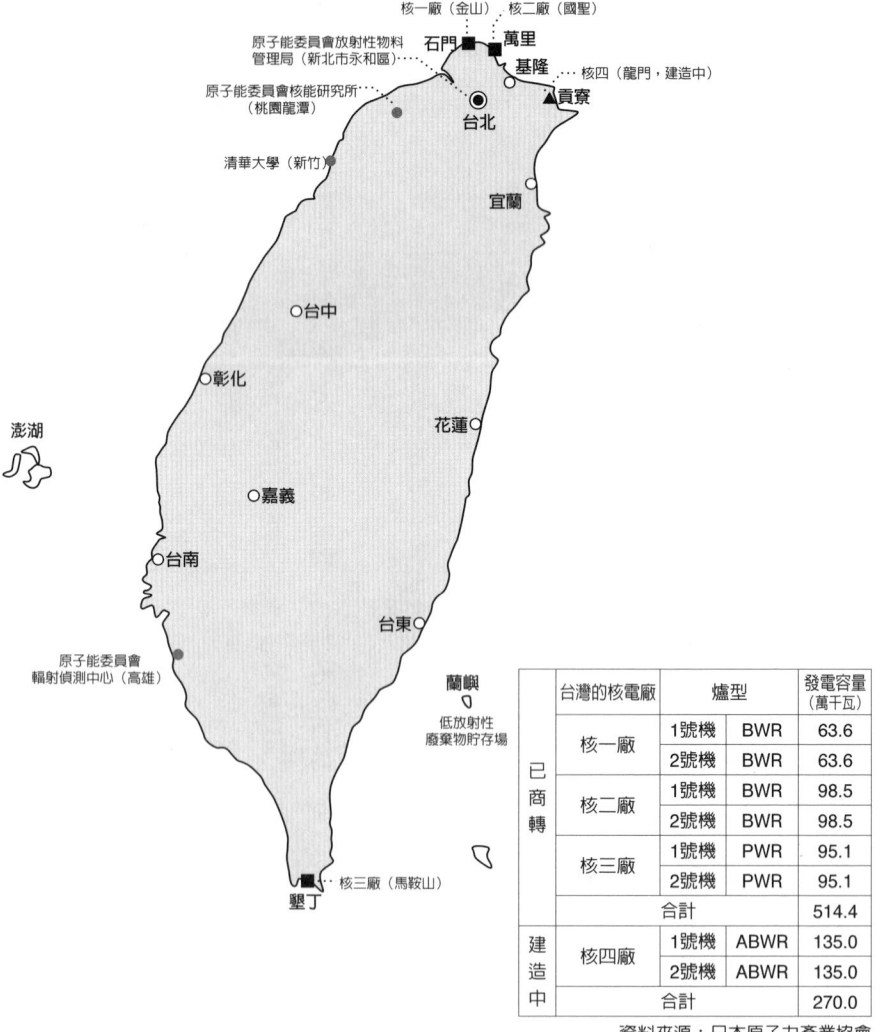

資料來源：日本原子力產業協會

台灣核電廠的避難範圍模擬圖

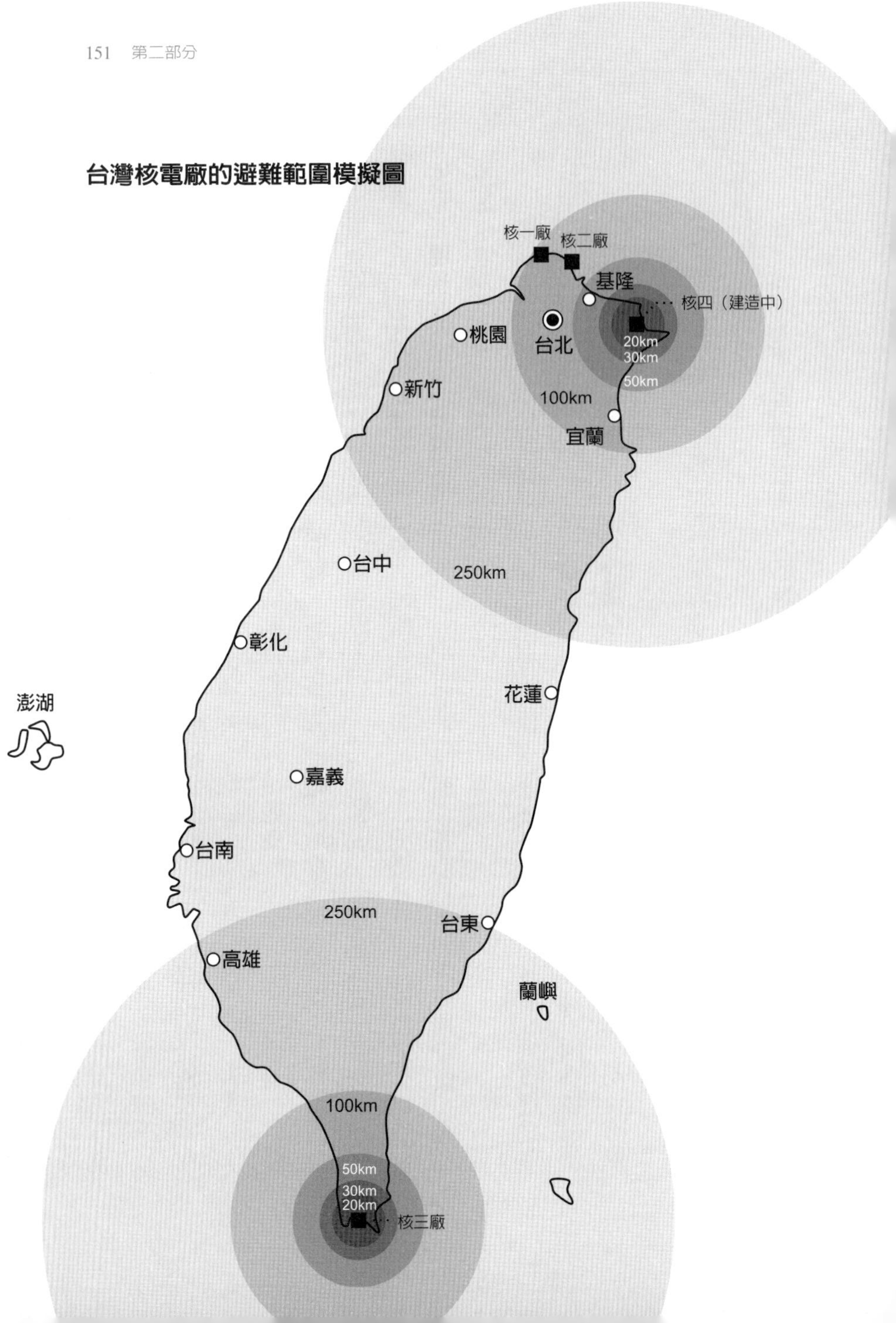

爲八十公里很有道理。依此標準，若核災發生在台灣核一、核二廠，將連新竹人也得避難，但即使是三十公里圈內的五、六百萬人也無從避難，因爲不可能全擠到南台灣。日本政府殘忍地將被曝基準提高，不敢擴大避難圈的範圍或疏散學童，也是因爲避難本身對災民或政府都很困難，災民等於得放棄至今擁有的人生乃至平凡的夢想。

廣瀨在二十五年前就指出，核電廠一旦喪失外部電源就什麼都完了，很容易發生爐心熔毀以及使用過核燃料臨界等問題。他也指出核電廠的冷卻水循環技術、調整壓力技術，以及抑止輻射能外洩等各方面的弱點，這些在福島都成了現在進行式，廣瀨的預言不幸成眞。福島核一廠的許多問題，如冷卻機能喪失或一號機連五百蓋爾的搖晃都耐不住等，現在查出是在海嘯來襲之前就已有的，類似問題存在於日本的所有核電廠，至今也都未改善。

因爲福島核一廠是供應東京首都圈用電，核災發生後，福島人說：「把核電送還給東京！」但若是台灣核一、核二廠發生核災，根本連送還問題也不存在，因爲核電廠就建在首都圈內！這其實也是因爲台灣很小，無論建在哪裡幾乎都算首都圈，都會導致「台灣喪失」。

許多到台灣參觀過核電廠的日本專家如菊地洋一等，認爲台灣不是例外，更爲台灣擔憂。

在一九九九年四月經濟部的〈能源政策白皮書〉裡，原本打算在核一、核二、核三廠內每五年增設兩個原子爐，在台西建核五廠。爲了少數人的利權，經濟部居然曾訂定那麼瘋狂的屠宰台灣人的計畫，幸好核四廠因貢寮人堅決抗拒，延宕了多年，讓一些更恐怖的惡夢沒有成眞。

理由8

核災剝奪生命健康，使身家財產歸零

福島核災後，日本連小學生甚至幼稚園小朋友都滿口「毫西弗」和「微西弗」，在談到輻射物質對人體的影響時，常常會出現許多數值，大多以毫西弗、微西弗來計算，這些數值跟健康的關係是什麼呢？

一**毫西弗**：連標準寬鬆而促成核電存在的「國際輻射防護委員會」（ＩＣＲＰ），都規定人的輻射劑量限度是一年一毫西弗，但日本在災後將之提高爲二十倍。一年一毫西弗的意思是，搞核電的國家，即使沒核災，因輻射外洩，每年會增加一萬分之一的致癌率（二萬分之一的死亡率），以台灣的人口來計算，相當於有二千人因輻射而致癌，一千人因輻射而死亡，這就是搞核電的基本代價，是爲了讓核電廠繼續運轉的無奈前提。但政府主管機關和核電業者都沒告訴人民，大家必須支付這樣的代價。

五毫西弗：在輻射防護上，有所謂「輻射管制區域」的規定，亦即如果一年一毫西弗是國際輻射防護委員會容許的安全基準，輻射管制區域就是「必須注意營養與健康，應掌握測量輻射被曝量」，亦即五毫西弗並非安全的數值，必須隨時檢查健康狀態。醫院的病房等全適用這個基準。車諾比核災時，強制撤離的基準是一年五毫西弗，亦即一小時〇．五七微西弗，台灣醫院的X光檢查室等輻射管制區域，劑量上限則是一小時〇．六微西弗。

輻射汙染戕害生命健康

然而現在福島縣的許多地區，尤其是離福島核一廠六十公里的福島市，全市的輻射值幾乎都比輻射管制區域高，卻無法避難。許多專家建議，就算現在福島縣無法做到讓超過一年一毫西弗地區的人避難，至少在第一年（二〇一一年）應該讓福島人或周邊高輻射值熱場的人能不要被曝超過五毫西弗，但事實上日本政府根本束手無策，連要守住提高的標準（一年二十毫西弗）都很困難，福島有許多人都被曝於超過一年二十毫西弗的環境。

二十毫西弗：這是男性輻射工作人員一年被曝的劑量上限，一般人的劑量上限應該是一毫西弗。輻射工作人員之所以劑量上限較高，是因爲他們理應經常測量自己的被曝量、接受健康檢查，而且假定成年男性跟兒童或孕婦等容易受影響的狀況不同，也假定因工作相關，當事人是依自己的意志而遭被曝的。

日本的核電工作者約有八萬四千人，這些人爲了工作，即使明知有危險也被曝，平均每年被曝一．五毫西弗，而二〇一〇年沒有任何一個人超過二十毫西弗。

但是日本在三一一災後，不管兒童或成人的被曝量容許上限都提高至一年二十毫西弗，爲此，原本擁核的東京大學教授小佐古敏莊於四月二十九日開會時哭泣，表示無法接受這個基準，他說：「再怎麼說，這都是高到很荒謬的數值，如果承認的話，我的學者生命就此結束，我絕對無法讓自己的小孩忍受這種待遇！」他主張應該採用接近輻射防護安全標準的一年一毫西弗，而且當場辭掉內閣的職位，算是將了當時日本菅直人內閣一軍。

在小佐古發飆之前，各界就對兒童一年二十毫西弗的基準發出質疑，認爲怎麼可以採用跟輻射工作人員一樣的基準，但日本政府被問倒了，居然說：「反正小孩不工作！」令人無語，可見輻射問題和核災問題也跟照妖鏡一樣，照出許多人眞實的人生態度。

最矛盾的是，文部科技省在二〇一〇年才剛委託「財團法人放射線影響協會」進行原子能發電設施等輻射工作人員的相關免疫學調查，才剛承認累積被曝量（而非年度被曝量）十毫西弗就已經有致癌發病的風險，二十毫西弗當然更不是安全的數值。

五十毫西弗：很容易致癌，尤其爲了防止罹患甲狀腺癌，兒童在被曝初期就應該服用碘片。

一百毫西弗：會罹患慢性疾病，而且每一千人將有五人會因輻射汙染而致癌，亦即在原來的一般致癌率外又多了〇．五%。

輻射線是看不見的透明恐怖凶器，日本政府和東電若眞的要負責疏散、賠償，幾百兆日圓也賠不完，因此只要不會當即致人於死，便盡量拖延、推卸，不但把食物輻射值的容許基準提高了數十倍、乃至數百倍，而且兒童的每年被曝劑量上限也從一毫西弗提高至二十毫西弗，比世界上許多國家的核電人員被曝劑量還要高。兒童受輻射影響的程度是成人的三倍，三十萬福島學童嚴重被曝，是殘忍無比的事。雖然文部科學省在各方抗議下，表示要努力以重返一毫西弗，但事實上做不到，二〇一一年十月宣布放棄這項努力。

若慮及兒童健康，福島的確已是全縣無法住人，銫一三七的半衰期是三十年，應避難高汙染地區要恢復到核災前的狀態需要一百年，所以福島至少已有數十萬人喪失了可以回去的故鄉。過去曾有一位每年遭五十毫西弗輻射汙染而罹患血癌致死的核電工，獲得勞災認定，而現在數十萬福島人被曝於超高輻射汙染，致癌比率也會大爲提高，可以想見十年、二十年後福島的癌症病患提訴政府及東電的景象。然而只因為幾年後致癌、病變等，跟現在遭輻射汙染的因果關係不易證明，日本政府或擁核人士都口口聲聲表示「沒問題」「沒什麼了不起」「對健康不會馬上有影響」。烏克蘭在車諾比核災後，人民的平均壽命從七十五歲縮短為五十五歲，但擁核人士居然說這是因為烏克蘭獨立，人們不適應社會而導致短命。

在車諾比附近的白俄羅斯，至今人民也還為了輻射問題而苦惱，吃的東西都得先拿去附近小學的輻射測量計一一測量後才敢食用，但其實也都還含有高濃度輻射。現在該國每年有兩成的國家預算是用在輻射對策上，輻射至今依然在耗損該國人民的人生與健康。幾乎車諾比的所有居民都受到放射性碘的影響，甲狀腺癌發病率的增長是史無前例的高，尤其許多當年還是乳幼兒的人，受影響最大。

即使沒發生核災，核電廠也在持續放出輻射物質

連標準寬鬆的國際輻射防護委員會都承認，被曝致癌是沒有下限的，亦即被曝少也有致癌的可能，只不過機率低一點。以機率而言，被曝一毫西弗的話，一億人（日本人口約一億二千六百萬人）有五千人會致癌；被曝十毫西弗的話，一億人有五萬人會致癌，而如果被曝二十毫西弗，則將有十萬人致癌。如果父母們知道每五千人有一人會致

癌的話，誰都想維護自己的孩子免於致癌。

核災發生後，不僅福島縣全境，甚至連東京各地也出現了所謂的輻射熱場。日本人對輻射汙染非常敏感，許多家庭都購買了簡易的輻射測量計，但是這些儀器的精確度有限。許多地方自治體也都開始自主測量輻射值，像東京都從六月中旬開始，在都內一百個地方測量，但民眾覺得不夠，現在四處發起連署運動，要求區公所等單位測量輻射值。許多媒體也都大舉展開測量，發現受福島核災影響，許多地區的輻射嚴重，房地產因此大跌，而且事實上，即使沒有核災的地方，只要附近有核電廠，輻射值就比其他地區高。想到台北市的三十公里圈內已有兩座且即將有三座核電廠，台北市的輻射值其實相當偏高，令人憂心。

有一幅二〇〇四年的自然環境輻射值地圖便顯示，福島核一、核二這兩座老核電廠，在二〇一一年三月發生核災之前，早就有相當濃度的輻射物質外洩了。在核電廠集中的「核電銀座」福井縣，更是如此。

兒童首當其衝，成人也難倖免

日本政府不分成人兒童，把容許的輻射劑量上限提高至一年二十毫西弗，是很嚴重的事。美國核電人員被曝的容許劑量是五毫西弗，比較起來二十毫西弗太恐怖了。三十萬中小學生除了上體育課外，還有其他許多活動，要上下學，回到木造的家也飽受汙染，加上吃喝當地遭汙染的水與食物，實質被曝的劑量達一百毫西弗。

兒童體內的細胞分裂最頻繁，比成人更容易受輻射的影響，一般認爲是三至十倍，年紀越小越受影響。日本曾以「兒童新陳代謝活潑而輻射感受性高」爲理由，廢止了集體照胸部X光。從廣島、長崎原子彈被爆者的調查也顯示，兒童因被曝致癌而死的風險，是成人的二至三倍。最容易受影響的是胎兒，孕婦若被曝，胎兒出生後可能罹患白血病等癌症。

兒童若吸到放射性碘，會集中於甲狀腺，因此車諾比核災後兒童得甲狀腺癌的人數增加。銫一三七集中在肌肉，比較不會致癌，但從含銫就可推斷有鍶九〇，或測出鈽二三九就很棘手，鍶會讓人體誤認爲是鈣而蓄積在骨內，破壞造血機能，會得小兒白血病，而若有鈽附著則會得肺癌。

日本國內估計，生活在一年二十毫西弗環境下的兒童，等於每小時三・八微西弗，但那只是體外被曝，若連體內被曝，一小時劑量如下：

體外（三・八）＋體內（三・八）＋飲食（三・八）＋水（三・八）＝一五・二微西弗

一個月的話則爲：

一五・二×三十日×二十四小時＝一〇、九四四微西弗＝一〇・九四四毫西弗

一個月就超過十毫西弗，即使以後環境中稍微除卻輻射汙染，仍是相當驚人，也可能達到一百毫西弗。由於福島有許多地方的輻射汙染比二十毫西弗還嚴重，才會有專家估測致癌人數會以百萬爲單位。

二五〇毫西弗：這是福島核一廠核災發生後提高的核電廠作業員的容許劑量上限，一百毫西弗和二五〇毫西弗的最大不同在於，一百毫西弗以下是還不會出現癌症等馬上發病的健康障礙，但超過二五〇毫西弗則是「白血球會急遽減少」，馬上就對健康有影響。

核災後，日本政府和許多御用專家完全欠缺對兒童的基本關懷，像是測量各地輻射值時，都是測地面一百五十公分高，也就是成人會受影響的高度，甚至去測更高處的輻射值，因此被諷刺爲是測鳥的被曝值。這是因爲有些觀測設施過去是用來偵測從別的國家飄來的輻射塵，因此裝設的位置很高。日本萬萬沒想到居然是自己國內發生核災，是要測量福島核一廠所散播的輻射塵。

最容易受輻射影響的兒童應該是身高較低、學年較低的小朋友，最容易吸五十公分至一百公分高處的空氣，而五十公分高處的輻射值是一百五十公分高處的一・五倍左右。

因此核災後，爲人父母最重要的是監督政府所公布的輻射值是在什麼高度測的，因爲高度不同，輻射值可以相差二、三倍。其次，要連體內被曝的部分都計算在內，才能得知實質被曝量。再者，目標要放在一年一毫西弗以下才行。

成人當然也會受影響，成人也會遭到傷害，只是發病比較慢。在二〇一一年九月十九日告別核電的六萬人集會中，反核藝人山本太郎不斷呼籲「要守護兒童！也要守護成人！」事實上成人更脆弱，因爲家園遭輻射汙染剝奪，不時有人因此自殺。輻射汙染不僅會造成心病，也會使成人致癌，有些四十六歲以上的人才得甲狀腺癌就是遭輻射汙染的結果。

日本有醫學團隊到車諾比核災後的白俄羅斯地區作調查，發現事故發生的一年後，成人罹患甲狀腺癌逐漸增加，增加率雖不如兒童，但件數本身非常多，在車諾比核災後十年增加了五倍，十八年增加至十倍。至今連醫學界都一直認爲是兒童很危險，很容易罹患甲狀腺癌，但以件數來說成人多很多，而且隨年數增加而增加。

要防止罹患甲狀腺癌，最重要的是核災發生後不要被曝。逃離核災附近時，必須全身包裹嚴密，若無法順利逃離，還不如暫時躲在室內觀望、冷靜等待救助，門窗緊閉，所有縫隙都塞住，最好服用碘片。

輻射對人體的影響

「西弗」（Sv）是輻射線影響人體的單位，西弗是非常大的單位，一西弗就足以使人體出現病變。常用的單位是毫西弗（mSv）以及微西弗（μSv）。

1西弗＝1,000毫西弗

1毫西弗＝1,000微西弗

輻射被曝量對人體健康的影響

被曝劑量	影響
0.05毫西弗	（胸部X光檢查一次的被曝劑量）
0.19毫西弗	（搭機往返紐約和台北之間一次的被曝劑量）
1毫西弗	國際原子能總署現行、台灣現行、日本核災前法定的每人一年被曝劑量限度 致癌死亡率：每2500人中有1人（擁核派認定危險度為其四分之一）
6.9 毫西弗	（電腦斷層掃瞄檢查一次的被曝劑量）
20毫西弗	核災後，日本暫定一般人每人一年被曝劑量限度（含成人與兒童） 致癌死亡率：每25人中有1人（擁核派認定危險度為其四分之一） 核電工作人員：每125人中有1人（擁核派認定危險度為其四分之一）
50毫西弗	核電工作人員（從事輻射業務工作者）一年被曝劑量限度
50毫西弗以上	致癌影響明顯化
250毫西弗	處理福島核災人員緊急時期的一年被曝劑量限度 致癌死亡率 每10人中有1人 （經各界抗議，二〇一一年十一月新契約核電工的被曝上限修改為100毫西弗，舊契約則維持250毫西弗）
500毫西弗	淋巴球減少
1西弗	嘔吐、昏眩等症狀出現 福島核一廠二號機組地下積水的輻射劑量
3-4西弗	50%以上死亡
6-7西弗	幾乎全部死亡
6-20西弗	一九九九年東海村JOC公司濃縮鈾原料處理廠事故，死亡的兩名工作人員被曝量

吃進輻射汙染食物，體內被曝更恐怖

人體遭輻射汙染，除了身體外部遭輻射線曝照之外，還有因吃喝及呼吸而把輻射物質吸收進體內，讓體內細胞遭曝照。體內被曝比體外被曝嚴重多了，但擁核當局故意忽視這個問題，任由輻射物質隨汙染食物擴散各地，這樣一來也可以讓輻射汙染責任不明，讓全日本人都分擔輻射汙染，讓輻射汙染與致癌的因果關係曖昧化，輻射風險輕薄化，責任也隨之模糊化。這種手法在車諾比核災後，蘇聯就用過，現在日本也採取同樣手法，那樣政府就比較不會遭求償提訴。

若要減輕體外被曝，只要遠離輻射物質，或減少接觸時間，或跟輻射線來源隔絕，但體內被曝不一樣，一旦把輻射物質吸到體內，一直等到從體內排出來爲止，人都無法脫逃，任憑這些輻射物質在體內惡搞，破壞基因及各種細胞。

有些人主張體內被曝沒關係，指說有些核種半衰期很短，短期間內便會放出一半的輻射能，但無法因此安心，因爲放出是放在體內。此外，若是體外被曝，同一個細胞不會被曝好幾次，若是體內被曝，同一個細胞可能被曝好幾次，殺傷力格外強，也因此同一細胞反覆遭破壞而出現變異，致癌等的危險性提高。

國際輻射防護委員會對體內被曝的基準訂得相當曖昧，而日本政府也爲了讓許多汙染食物可以在市面流通，採取超寬鬆的暫定基準，總是說「輻射汙染度沒超標，沒問題」，強迫人民長期吃喝輻射汙染食品。

事實上，體內被曝的程度是體外被曝的三倍以上，但日本政府不想正視這個事實，都只提體外被曝。其實依照現在吃喝呼吸都遭汙染的狀況，若體外被曝是日本政府認為沒問題的上限一小時三．八微西弗，依前述算法，一年很快就會超過一百毫西弗。

二〇一一年七月，日本社會以及國際為了有上萬頭福島流到市面上的牛肉含有超標的放射性銫而震撼不已。其實福島或周邊縣市的食材發生輻射汙染超標，並不足為奇，但至少在市面上流通的食材、食品不應該有超標的，可是這次輻射牛除了沖繩沒去外，每一個縣市都有。其他豬、雞、蔬果、牛奶或魚貝等的汙染也非常嚴重，許多日本主婦每天都很發愁，不知道到超市要買什麼，而美食大國日本現在要吃什麼，變成很大煩惱。

為了與體內被曝抗戰，今後日本整個社會都必須長期展開對食品汙染的監測，建立高精確度的檢測網。但輻射汙染根本無止盡，尤其現在日本政府採用超寬鬆的食品輻射暫定容許基準，任由汙染食品流通到全國去。

全球有上億書迷的日本作家村上春樹最近打破沉默而表明反核。他指出這次福島核災等於是日本繼二次大戰挨原子彈之後，再度經歷核災，但這次日本是自己轟炸自己，自己就是加害者。如村上所指出，日本再度成為受害者，福島已有十數萬人被迫放棄土地和生活。在三一一之前，所有人都應該拒絕核電，但沒有去阻止，所以所有人都是加害者。他也爲了福島核災汙染土地、海洋、大氣等，向周邊諸國道歉。

他的道歉原本是日本政府應該做的，日本政府只在提給國際原子能總署的報告書裡，對核災事故造成世界各國疑慮與不安表示歉意，擔心遭鄰國索賠，卻還不敢大聲道歉。但日本政府是道歉不完的，許多專家估算，現在福島放出的輻射量早已超過車諾比了，成爲史上最惡劣的核災，福島核一廠及其周邊廣大的土地都變成了無法復原的地方，尤其海洋影響重大，日本太平洋岸的魚都有問題，而且會漂流到鄰國。輻射塵尤其如此，連夏威夷等地也都已測到含鍶的輻射塵。

輻射汙染永無止盡

輻射塵是會飄動、會累積的，五月九日在東京以西，距離福島核一廠三百公里以上的神奈川縣足柄，就查出超標的茶葉，已出貨的新茶都得回收，足柄只好放棄收割新茶。當時靜岡縣很緊張，拒絕檢查，反而引起各界質疑，但當然還是只好接受檢查，在六月九日果然測出靜岡縣葵區、藁科的茶每公斤含有六七九貝克的銫，超過了政府剛放寬的五百貝克的暫定基準。

其實一公斤五百貝克的基準非常高，是很不安全的數字。日本政府爲了讓人民繼續生活，不會因爲買不到安全食品而恐慌，而放任遭輻射汙染的牛奶、蔬果、魚肉等，在市面上流通，這樣也才不會讓東電和日本政府的賠償金額達到數百兆日圓的程度。基準提高得非常多，稱為「暫定基準」，像水或牛奶等含鉋的基準，從一公斤一貝克提高至二百貝克，遠遠超過美國的基準〇．一貝克和世界衛生組織的五貝克。德國輻射防護協會的建議則是成人八貝克、兒童四貝克以下。肉、蛋、魚或蔬菜是五百貝克，這也是非常非常高的。魚類含碘一三一，一度還提高至二千貝克，這是因為海洋汙染而測到有小魚是四千貝克，便訂標準為二千貝克，後來遭抗議才降低為五百貝克。這個暫定的新基準其實是在毒害日本人民身體健康的基準，但若不如此，日本社會將會出現嚴重混亂。

即使基準提高至五百貝克，靜岡茶還是超標，顯見輻射汙染的範圍有多廣、多嚴重。靜岡縣出產的茶葉占日本綠茶總消費量的四〇%以上，幾乎是日本茶、綠茶的代名詞，被認為有防癌效果，也是健康熱潮下廣受世人喜愛的茶，但沒想到現在卻含放射性鉋，讓全球震驚。而且靜岡距離福島那麼遠，核災爆發三個月後還在這麼遠的地方檢測到遭輻射汙染，令人擔心汙染範圍在擴大。厚生勞動省從二〇一一年八月起開始抽查，結果發現埼玉、千葉等地出售的茶葉含鉋也都超標。日本消費者的危機感不斷提高，尤其許多業者把輻射汙染牛奶跟其他牛奶混在一起，勉強不超標而出貨，或像福島以及附近汙染嚴重的地區，竟還播種耕種，二〇一一年的新米將會混充在其他日本米中出售。問題如此嚴重，原本世界美食家所愛的日本米，今後還有人敢吃嗎？

事實上，這些汙染食品當然是很危險的。京都大學原子爐學者小出裕章就指出，幾近超標的食品最好不要食用，尤其是福島附近幾縣輻射值較高地方的產物都不能吃，因爲這些食物一旦進入體內就會造成體內被曝，破壞DNA等，最好不要讓兒童以及將生育或哺乳的婦女吃，而是讓包括他自己在內的老人吃。小出的意見雖然不錯，因爲他一心想維護福島等災區的「一次產業」的畜農漁業，但也有許多人認爲這簡直像是「楢山節考」的棄老世界。輻射汙染食品應該讓核電當局及擁核人士吃才對。

日本政府其實應該讓高輻射值地區的農畜業者，到其他休耕、休牧的地區重建家園，只是現在日本政府無論在政治或經濟上都很無力。

環境的輻射汙染難以復原

日本專家估算，需要去除遭輻射物質汙染的地區，最大範圍約有二千平方公里，體積估計達一億立方公尺。除汙工程浩大，爲了彙整除汙的方法、順序等標準，日本環境省在九月召集包括東京大學教授森口祐一在內的專家，召開了除卻輻射物標準的第一次會議，稱爲「環境復原檢討會」。

一億立方公尺的高濃度輻射汙土沒去處

森口估算，包含警戒區及計畫避難區的一千平方公里在內，總計二千平方公里，這些區域要除卻放射性銫的話，必須剷除五公分的土壤，體積約一億立方公尺。環境省爲了減少除汙的土壤量，將盡量以近人煙或農地的地區進行除汙作業，也將積極研發除汙的新技術，並於二〇一一年十一月提出有關翌年一月起正式進行除汙工程的草案。

除汙的工作本身非常困難，尤其輻射塵有九成都落在農林上，這是最爲棘手的。當年車諾比核災後，蘇聯一開始也努力除汙，但後來放棄了，才會現在三十公里圈內完全無法住人，而且東北三百五十公里圈的一百多處高濃度輻射汙染區至今禁止農業、漁業，以及居住。此外，依日本政府的估算，頂多去除福島七分之一的土壤面積，其他沒除汙的部分，輻射塵也還是會飛過來，每次颱風、下雨都會讓輻射塵易位。如果不是全境都除汙的話，其實沒有太大意義。

輻射不滅，不是用化學物品就能中和紓解掉的，因此一億立方公尺的汙土勢必沒去處，最後大概也只能放到福島核一廠。若沒有妥善的安置方法，將成爲一個新的高濃度輻射源。

輻射在海洋中徘徊三十年不去

日本氣象研究所的主任研究官青山道夫，二〇一一年九月與電力中央研究所的共同研究小組，在日本地球學會發表報告指出，截至五月底，排放到海洋中的銫一三七已經達三千五百京貝克，加上排放到大氣後又掉落到海中的一萬京貝克，合計總量爲一萬三千五百京貝克，相當於過去核試爆落在北太平洋的銫一三七總量的一成多，這個數字跟日本原子能研究開發機構估測的比較接近，都是東電發布的三倍以上。

這些輻射物質將隨著日本暖流的黑潮往東擴散，然後以順時針方向在北太平洋循環，二十、三十年後又會回到日本沿海。青山等人分析指出，在福島近海到北太平洋，銫一三七在水深二百公尺以下較淺的海水層中向東流，然後在國際換日線東側開始迴轉，而在水深四百公尺的海水層中朝西南流動，並在菲律賓附近，部分的銫一三七將隨黑潮北上返回日本沿海。也有部分會在菲律賓附近流向印尼和印度洋，四十年後轉到大西洋，而還有一部分則沿赤道往東流，在太平洋東端穿越赤道南側而向西流。

數字差好幾個零，差一個零不算什麼？

日本社會現在面臨很大的困境，就是核災後，人民發現官方發布的數據跟實際的數據差了一位數或二位數，而不是差一成或兩成，這顛覆了日本人對數字的感覺和常識，且所有的信任開始動搖。跟核災、核電廠相關的數字，不管是輻射汙染值、致癌率或核電成本，可以一下子差數十甚至數千倍，這證明了核電、核災早已超出日本或人類能控制的範圍。

現在福島全境大多遭嚴重汙染，許多專家認為二百三十萬福島人中至少有一百五十萬人必須避難，否則當地的三十萬兒童將因遭高濃度輻射汙染而容易致癌。當地的兒童驗尿已發現含輻射物質、郡山兒童不斷流鼻血等，長期吸入遭輻射汙染的空氣、攝取遭輻射汙染的飲水和蔬菜等，體內被曝嚴重，但日本政府無能為力，頂多讓十五萬人避難，跟實際需要避難的人數相差了一個零，福島人只好自尋其他地方政府提供的閒置公宅、學校來收容。

福島核災早已讓日本政府或東電束手無策，目前的狀況是打算賠幾兆日圓就算了，因為賠不起至少該賠的數十兆日圓，或真正得賠的數百兆日圓。因為打算少賠一個或兩個零，只好讓其餘九成的人繼續被曝，只好讓農民繼續在汙染土壤上播種，讓福島漁民在汙染海洋裡抓魚後改在千葉上岸。以前，如此做是違法的，但現在政府顧不了。土地等環境若要除卻汙染，需要數十兆日圓甚至數百兆日圓的預算，但現在只編列二千億日圓的預算，差了二、三個零。

對輻射汙染的容許劑量上限從一毫西弗提高至二十，兒童也得忍受殘害。輻射對兒童的影響是成人的三倍以上，實質等於一百毫西弗，差了兩個零。日本過去曾發生核電工每年被曝五十毫西弗而罹患白血病死亡，已被認定爲勞災，但現在許多福島兒童被曝的情況不下於核電員工。四月初，福島核災升爲七級，日本政府辯稱只放出車諾比核災十分之一的輻射物質，但到了七月三日，NHK電視台報導承認福島核災放出的輻射值已超過車諾比，少算了一個零。

在日常生活或經濟活動中，只差一成，甚至只差百分之一，差別都很大，但現在災情的相關數據動輒差一、二甚至三個零。例如飲水含銫的基準從每公升一貝克提高爲三百貝克，蔬菜提高爲五百貝克，魚類含放射性碘的基準爲二千貝克。安全標準突然多了兩個零、三個零，根本顛覆了安全概念。

核電的成本更是如此，日本能源白皮書上寫的是每度成本五・九日圓，立命館大學教授大島堅一根據各電力公司的財務報告，算出核電成本爲一〇・六八日圓。若連地方補助金也計算進去，發電的成本爲核電一二・二三日圓、火力九・九日圓、水力三・九八日圓，其中核電是最貴的，但這還沒包括一爐五千三百二十億日圓的廢爐費用，以及不知如何處理的用過核燃料處理費，更沒加上保險費。無地震國家如法國曾計算，若加上保險，核電成本會躍升三倍。至於地震大國日本、台灣，核電廠根本沒人敢承保，實際的核電成本比官方發表的數據少了兩個零。

核電輻射傷人，養生無望

台灣人很注重養生保健，相關的書籍和商品都大爲暢銷，每個人都有一套養生保健理論，但另一方面，台灣人卻對許多劇毒都視而不見，像二〇一〇年五月爆發的塑化劑事件，毒性是三聚氰胺的二十倍，爲三十年來最嚴重的食品摻毒事件，長年毀損台灣男人的生殖能力。但塑化劑的問題至今尚未解決。另外，老舊核電廠會不斷放出輻射汙染在大氣中，讓台灣女人的各種婦癌罹患率在亞洲名列前茅，但也沒人追究，任憑衛生署等單位隨便搪塞。台灣人的實際作爲都跟養生相反，任由各種劇毒瀰漫社會。

根據衛生署統計，台灣每年新增六千名乳癌患者，官方說法是「隨著飲食西化，乳癌病患年輕化」，但這種與事實完全相反的說法，令人無法接受，因爲歐美婦女都是高齡之後才罹患乳癌，只有亞洲核電大國日本、韓國和台灣的婦癌格外嚴重，而且是年輕婦女罹患。美、日都有研究認爲，這是附近的核電廠造成的。

即使沒發生核災，核電廠的存在本身就會放出微量的輻射物質。美國的古爾德（Jay M. Gould）與古德曼（Benjamin A. Goldman）兩位醫師寫了《致死的虛構：國家主導的低劑量輻射線的隱蔽》（*Deadly Deceit: Low-level Radiation*），該書是比較美國所有距離核電廠一百六十公里的地區與沒有核電廠的地區，發現有原子爐地區的乳癌率是沒有核電廠地區的五倍。從核電廠發出的低劑量輻射其實會致癌、致死，而且越老的電廠釋放出的輻射汙染越多。

全世界的乳癌罹患率從一九九〇年開始減少，但在有核電的國家如日本、台灣、南韓，罹患率反而上升，南韓和台灣的核電廠都是建在人口密集的都會圈附近，像台北市距離核一、核二廠不到三十公里，台灣年輕婦女有那麼高的婦癌罹患率不足爲奇。

日本也是，當全世界的乳癌減少時，日本女性乳癌死亡率卻在一九五〇至二〇〇四年增加了五倍，有日本醫師研究認爲是日本國內建了五十五個原子爐所致，核電密度遠超過美國，一般人平時就遭到比美國更濃的輻射汙染。不僅乳癌，其他如血癌、骨癌、齒癌等，在加拿大等國也有研究指出，有輻射汙染的地區兒童致癌率格外高。

除了發生核災可能導致全島滅絕的風險外，核電廠帶來的傷害都是先傷害兒童、年輕人或婦女，讓核電存在的代價無限大！

環保、美食概念全遭顛覆

日本在二〇一一年七月發現有含鉋的牛流入市場，而八月時得知至少有上萬頭，大半已進了消費者的胃袋，有的含鉋量高達一公斤四、三五〇貝克，幾乎達日本偏高的暫定基準的九倍，顯示日本的食品安全控管體制出了問題。這件事在日本或國際上都備受矚目，連東京都知事石原愼太郎都很緊張，擔心日本的國際評價會大降，但只要核災還無法收拾，每天繼續放出大量的輻射汙染，評價要回升是很不容易的。

日本觀光、美食評價大跌

三一一之後，發現全球各國都還滿愛日本的，捐款紛紛湧入，尤其台灣是世界第一，達台幣五十億元，各國著名藝人和大師等相繼來爲日本加油。但核災已讓日本慢慢從受害者變成加害者，受害最深的固然是日本人民，但汙染了海洋和大氣，讓鄰近國家不免緊張，觀光客也不太敢上門，例如南韓外貿部就把福島縣、宮城縣、岩手縣列爲「旅行自制地區」、茨城縣全境必須注意，並認爲輻射汙染危險，接近福島核一廠地區觀光非常危險等。

至於輻射汙染食品的問題，六月初超標出口到法國的靜岡茶震撼了世界，靜岡距離福島核一廠三百五十五公里之遙，都遭到輻射汙染，福島牛會含銫一點都不奇怪。讓日本消費者震撼的是，原本以爲在市面上流通的食品至少不會超出已經偏高的暫定基準，但事實上不然，輻射牛只是冰山一角，現在抽查蔬菜等食品時也還不時發現超標。

之所以出現輻射牛，是因爲牛吃了嚴重超標的稻草飼料。牛吃稻草？這是日本特別開發出來的畜牧法。只吃牧草的牛，牛肉的油會很黃，肉比較硬，而如果吃稻草，牛的肥肉部分就會很白，而且柔軟好吃，因此越是養得講究的地方，都會使用日本國產稻草，稻草因為收割後就在戶外曬乾，在核災發生之後才綑包，因此輻射汙染嚴重。最嚴重的是福島縣郡山市產的稻草，居然高達一公斤五十萬貝克，超過日本原本偏高的暫定基準三百貝克有一百七十倍之多，其他連距離相當遠的櫪木縣，稻草也超標高達十萬六千貝克。令人吃驚的不只是這兩縣的稻草超標，其他如宮城、岩手等縣的稻草也都超標，顯示輻射汙染無遠弗屆。

擁核的東京都知事石原愼太郎本來對蔬菜等食品超標不在乎，還在東京都的學童營養午餐中引進福島蔬菜，表示支援福島，讓許多東京的母親無法讓孩子吃營養午餐，不得不跟學校對立，非常苦惱。但這次輻射牛出現，石原居然很激動，表示「這很糟糕，日本的評價將會大降，因為對外國人而言，餐飲中肉的存在感截然不同，今後還會有其他的形式爆發出來，這個責任是誰從何時該負呢？」當然是擁核以及推進核電政策的人從災後就該負責，石原卻說的好像是別人的事般。

日本原是世界首屈一指的美食國度，但現在東日本有許多食物都發生輻射汙染問題，根本喪失基本的安全，所以許多美食指南書都喪失了意義！

二〇〇八年第一次發行的《米其林指南東京版》，在尚未上市之前，就是日本亞馬遜網路書店預購第一名，該書的英語版在歐美主要的九十幾個國家同時上市，消費者可以透過這一世界最具權威的美食指南，重新認識東京美食之都的地位。但是這本米其林東京版問世後，卻在日本引起反彈，所有的美食評論家或雜誌都相繼提出異議，說看了東京版之後差點昏倒，他們認爲米其林對日式料理未免太外行了，只看裝潢和擺飾，而且連應酬專用店也列入，認爲米其林畢竟是生產汽車輪胎的公司，要搭飛機到國外去品評，還是差了很多。後來米其林還算稍微有點改進，進行了修訂。米其林東京版主要成爲富有華人喜愛的指南，只是指南中許多眞正的好店，都是每天去東京築地市場挑選魚貝等食材，而這些食材現在都是從輻射汙染最嚴重的日本太平洋沿岸上岸的，所有名店、好店的講究，都因此變成無意義而且令人不安心的動作。米其林東京版以及許多美食指南中大部分的美食介紹，都因此變得很虛很假。

相對而言，許多店家只好開始強調只採用關西、九州或北海道食材，或是將店內料理的食材一一標示來源。或許今後還必須標示食材所含的輻射物質貝克量。

輻射汙染食材無孔不入

以前台灣朋友來日本觀光，會背日本米返台，現在的我差點沒從台灣背米回日本，但趕緊去買了一大包去年度收成的米儲存起來，因爲從二〇一一年秋天起，輻射汙染土壤收割的稻米將會混到市場上，三一一之前產的舊食品，價値反而超過新的。

核災之前，我在東京生活，只買日本國產食材，認爲是最健康、安全，至於進口食品，添加物過多，像蔬果必有防腐劑，尤其中國黑心食品、毒菜問題在日本鬧大，讓人對進口食材更不安。即使日本國內產的食材，我原本也是盡量買東京附近的東日本產品，不要買搭火車、搭飛機來的食材，因爲那樣最新鮮、也最省能源。但核災之後，這些概念全遭顚覆。

日本原本算是食品安全檢查體制不太差的，但現在要檢查輻射汙染，設備和人力都嫌不足，抽查不到或不在抽查項目的食材，如牛內臟等，橫行無阻，而且在福島等災區生產的蔬果，現在常僞裝成新潟、山形等地產的。在新加坡就曾測到關西兵庫和四國愛媛的蔬菜超標，後來才發現原來是茨城或福島等地產品僞裝的，日本食品的國際信用早已掃地！

核災發生後，福島、茨城附近海域捕到的魚，都改由千葉、岩手上岸，防不勝防，未來將是日本魚貝汙染的高峰期，日本往後多少年都得繼續吃這些輻射汙染的食材，非常恐怖。

專家認爲，豬肉、牛肉只能盡量買外國的，如澳洲牛、丹麥豬等，或較遠的鹿兒島豬、沖繩豬等。雞肉國產的比例高，最好不要買。魚類選日本海、北海道或九州產，不買日本太平洋岸產的，牛乳更必須看產地，但現在混入輻射牛乳的乳製品不少，所以我只買豆乳，乳酪等則買外國產的。

最荒謬的是稻米，因爲政府賠償不起，只好先讓農家在汙染土壤播種，連農家自己都很不安，表示：「我們是引阿武隈川的水來灌溉，政府規定這裡的川魚不能吃，卻要我們耕種汙染米，不懂！」許多農家表示自己種出來的東西不會想給孫子吃，也不會想給消費者吃。此外，雖然比鄰福島的宮城縣在九月底強調該縣的米沒超標，但基準是一公斤五百貝克，也沒有詳細的檢測資料，誰都不想吃沒超標但可能是三、四百貝克的米。

我以前愛買當年的新米、新茶，但現在卻開始儲存去年度舊米，在家裡發現還有過期綠茶竟開心不已，美食觀念完全遭核災顛覆了！

過去許多食品都強調「天日」，亦即以自然日晒法製成，例如食鹽、魚乾、香菇等，都標榜用slow的傳統製作法製作，但現在這種天然的最可怕，因為曝露在大氣中時間太久，輻射值變高，還不如室內人工快速烘乾。

雞也變成不太能吃，尤其原本健康的土雞反而不能吃。雞舍通常是半開放式的，很容易受輻射汙染的影響，進口的雞添加物太多，國產雞頂多吃遠地的飼料雞，高級的放養土雞反而吃不得，因為牠們會去吃汙染較嚴重的草等。雖然有些土雞業者在地面撒石灰，又鋪上塑膠布，再撒上穀子，但能否真的防止輻射汙染還不知道。以前覺得一定不會有問題的溫室栽培，七月上旬發現菇類很容易吸收放射性銫，野生菇類含放射性銫每公斤上萬貝克。日本醫療團隊前往白俄羅斯調查時發現，許多人因為長年吃當地森林裡的含銫十萬貝克野生菇而致癌。現在日本連室內人工栽培的菇類也超標，逼得許多產菇的公司只好在電視打廣告表示都測過沒超標，但沒超過那異常高的標準並沒有太大意義。菇類原本是健康食品，現在也未必健康。

靜岡茶超標嚴重的是有機無農藥茶，因爲沒用刺激生長的農藥，栽培期間較長，而且吸收自然沃土的力量來成長，跟土雞一樣，放養的時間比飼料雞長多了，也因此曝露在大氣的時間更長，遭到的輻射汙染比一般農藥茶或飼料雞更嚴重。在輻射之下，沒有天理可言，所有生產良心都遭踐踏了，而且也顚覆了長年好不容易培養出來的健全的消費概念。

日本至今爲了環保節能，推行各種政策，不但鼓勵個人也要求業者，進行回收以及各式嚴格的汙染過濾，但是核災一發生，初時每天放出一顆廣島原子彈的輻射汙染，而且至今不斷汙染人畜以及土壤、大氣、海洋，也開始讓許多人對自己的環保行動心生質疑：自己每天忍住不用汙染環境的清潔劑、每天仔細把垃圾分類，把寶特瓶、玻璃罐、廢紙等拿去回收，到底是否還有意義？許多人覺得去做這些小環保非常僞善，個人至今信奉的價値，一一開始遭到質疑。

核災致癌、致死人數以百萬計

核災的特點就是不會讓人當場死在眼前，除了賣命的核電工，急性死亡的人不是那麼多，於是核電當局便可以因此否認死、病與核災的因果關係。即使福島核一廠內已經有三人死亡，其中在輻射汙水庫工作的一人是急性白血病死亡，當局仍不肯承認是因輻射汙染而死亡。連台灣的擁核人士也都大聲疾呼「福島核災沒死一個人」，拚命替日本爭辯，以淡化核災的嚴重性。

但事實上輻射會從體外汙染人體，也會透過吸入的空氣及輻射汙染食品造成體內被曝，現在是潛伏期。舊蘇聯國土是日本的二十倍，蘇聯在車諾比核災後二十年間有一百萬人因輻射汙染死亡。人口如此密集的日本，承受的後果不會低於車諾比。

歐洲輻射風險委員會（ＥＣＲＲ）祕書長巴茲比教授估算，五年、十年後將有以百萬人計的日本人會罹患小兒癌症或白血病而死亡。雖然日本也有教授表示，反正日本人半數都因癌而死，但現在是福島以及關東、東北的兒童或年輕人半數將可能致癌，年紀大的人被曝的影響較小。車諾比核災後，周邊地區老人爲兒孫辦喪事變成日常風景，日本以後是否也將如此？

車諾比核災的死、病人數到底有多少呢？根據當時蘇聯官方公布的資料，直接死亡人數是三十一人（連當場死亡員工二人的話，共三十三人），但其實除了敢死隊之外，救災員工、直接被曝員工及家屬等，近年才知道是數百人。

核災的可怕在於其影響大約五年後才會逐漸顯現，因致癌而導致死亡或疾病纏繞終生。京都大學原子爐學者小出裕章在車諾比災後估算，車諾比附近的六百公里圈內（還不含莫斯科），因核災致癌死亡人數約五十七萬二千人，其他歐洲二十六國遭輻射汙染而致癌死的達二十六萬二千人，合計約八十三萬五千人，若加上其他小出沒估算的區域，則超過一百萬人。

小出是根據車諾比核災放出的銫來估測的，事實上車諾比核災放出有碘一三一、鍶、釕（ruthenium）等幾十種輻射物質汙染大地及人畜，但因爲沒有可信的資料，只能從銫來估測。雖然後來有些對銫的放出量評估只承認了一半，但表示至少也有五十萬人因此致癌死亡。

最慘的還是白俄羅斯。當時蘇聯爲了讓莫斯科免遭輻射之害，曾用人工雨的技術，讓雲層籠罩莫斯科，使得七成的輻射塵都降落在現在的白俄羅斯。至今白俄羅斯還有二百二十萬人以上，因爲無力搬遷而居住在汙染地區，其中五十多萬人是兒童，車諾比核災已經過了二十五年，因輻射汙染而致癌死亡的人數還不斷在增加。綠色和平組織最初估計的總傷亡人數是九萬三千人，但另有報告數據指出，一九九〇至二〇〇四年間，在白俄羅斯、俄羅斯及烏克蘭可能已經有二十萬件在正常致癌以外的額外致癌死亡，而且自二〇〇四年之後，成人癌症發病及死亡人數逐漸增加。二〇一一年十月塔斯社報導的數據更爲明確，烏克蘭「車諾比殘障者同盟」公布調查報告，車諾比核災在該國造成三百五十萬人被曝，其中一百二十萬人是兒童，共有一百五十萬人以上死亡。

核災重創房地產市場

我在福島核災後返台，遇到的朋友都問我：「日本現在到底怎麼了？」福島核災完全不知道何時會收拾完，有專家估測放出的輻射量可能超過車諾比，將可能成爲史上最惡劣核災，而且每天還在繼續放出一顆廣島原子彈的輻射量。輻射是累積的，影響範圍廣大，四十公里外的居民強制撤離，六十公里外的福島市也完全不適合人居住，福島全縣應該淨空。在這種情形下，不少人問我：「現在的日本房地產怎麼樣？」我只好照實回答：「不管台灣或日本想要房地產保值，最好沒核電！房地產業者最該率先反核的！發生核災，房子一文不值！」

我自己在日本三十年曾買賣房子、土地等十次。在三一一震災及核災後買房子，有幾個非常重大的考量因素，第一個就是輻射值，必須先了解最新的輻射值地圖，像我在櫪木那須高原的別墅雖有自傲的櫻花、紅葉，但因距離福島核一廠約八十公里，現在已毫無資產價值，那裡的輻射值是東京家的七倍，根本不會想去度假，因爲去了無法放鬆，連深呼吸都不敢，而當地原本美味的那須牛、高原蔬菜等都不能吃了。

日本的幾家房地產公司都有網路可供查詢、評鑑價格，但現在福島核一廠附近一百公里圈，甚至更遠地區，都屬於「查詢外」「評鑑外」，等於房產價值歸零，彷彿是科幻小說裡才會出現的情節，對日本數百萬人而言卻是惡夢成眞。

據調查，福島有半數以上的人都想離開，而且人口流失也很嚴重，全縣的輻射值都相當於輻射管制區域，房地產已無谷底可言，甚至因爲核災無法接近，根本連公告地價都不在內，可以說資產價值接近零。當然，不只福島縣，東京附近的千葉柏市、松戶市或東京葛飾區、台東區，原本都是華人喜歡投資房地產的地區，但現在的輻射值是其他地區的數倍乃至數十倍，兒童無法在戶外活動，週末公園沒人，不像正常世界。有這種個人無法掌握的因素，投資就很危險。

由於福島核災還可能出大狀況，未來幾年內日本人完全不敢購屋置產，中、港或歐美的投資客都溜得乾淨，有些業者知道台灣人親日，就仲介台資去買，但有些問題不是愛日本能解決的。現在日本較熱門的是夏天能避暑的山梨、蓼科或八岳等無輻射汙染之虞的高原別墅，或沒發生核災的關西，因爲有些企業或外國使館把部分機能疏散到關西去。

日本房地產只算實坪，扣除陽台、公設甚至牆壁的面積，華人初次購置時都會感動不已，但日本房地產反映人口結構，要漲不易，尤其賣給華人的大多是一九九五年阪神大地震前以舊基準興建的，那些房子本身無價，只剩下土地持分價格，不能不小心。要注意公寓的耐震度和建築年度，至少必須是新基準，否則只是撿了無法脫手的便宜貨。此外許多高級地區，如迪士尼樂園附近的浦安市等，在三一一後發生土壤液化，讓日本人購屋時都要先查看古地圖，才知道房子到底是建在什麼地層上，若是資淺的河川或海埔新生地就沒人要。

此外，日本房子的折舊率很高，像鋼骨大樓，若牆薄些每年折舊五％，即使購入新屋，十年後僅剩半價，而以新基準興建的堅實鋼筋水泥大樓，也是二十三年後就剩半價。此外，東京等地的空房率很高，不少有幼兒的家庭為了避開輻射已從關東疏散，除非業者的買賣契約中保證長期承租房客，才能考慮！即使真的買了，也要知道輻射汙染依地區不同，要無毒化至少得等數年乃至數十年，亦即會遭核災套牢數十年也不足為奇。

像這樣的核災如果發生在台灣，不管在南在北，房產的價值都會歸零，全部無法評鑑，金融秩序也將會因此紊亂，股票變成壁紙也不足為奇。核災是會剝奪人的所有，絲毫不鬆手的。

理由9

核災動搖國本，政府無力救災、賠償

福島核災發生後，東電或核電專家在電視鏡頭前說了無數次「想定外」（超乎預測），曝露核電專家和學者對核電的了解其實很少，搶救的手段也很原始，就是用水澆，初期用直升機拿水桶澆，後來又出動鎮暴高壓噴水車，卻怎樣也澆不到，最後是用雲霄消防車澆到，但其實爐心早在停電後的幾小時就已熔毀、熔穿、熔出原子爐和核島了，至今不知下落何方。

核災發生至今超過半年，每天都還是有新狀況，不時傳出某處出現高濃度輻射汙染。然而無論是東電或主管原子能安全的經產省保安院或原子能安全委員會，都表示

「原因不明」，相關數字或輻射物質的種類一再搞錯，而且以擁有保管含鈽燃料能力自豪的東電，居然連測鈽汙染的能力都闕如，每次的言行都令人不安。最可怕的是，所有的因應措施都很原始，像用澆水來冷卻，往後要抓漏，好像以前自己補單車車胎破洞一樣，每一關節都是土法煉鋼，這讓人重新醒悟，原來歷史不悠久的核電是如此不成熟的低科技玩意。

對核電所知有限，救災應變低科技

東電副社長在二〇一一年三月二十七日曾升起白旗，表示還沒有具體的對策和時間表，但不久前的二十一日，首相菅直人曾很樂觀地表示「可見脫離危機的光明」，結果在那之後，情況不時惡化，甚至連東京的水源都遭到汙染。至今人民每天都要先看輻射值才知道水能不能喝、出門要不要戴帽子和口罩等全副武裝，最可憐的是，福島核電廠方圓數十公里以內，今後將可能成爲廢土，當地人無法返鄉重建家園，當地人認爲「地震也是東電搞出來的！」

東電是全世界第四大電力公司，但核災發生後，東電或核電相關的主管機關和專家，最常說的話卻是「想定外」以及「原因不明」。「想定外」就是超出原來的模擬、想像、假定，意思是沒有能力處理因地震、海嘯造成的超出假定的天災，一句「想定外」就什麼責任都能推卸了，而且未來不知如何解決也不需解釋。但實際上，事前就有研究指出福島核一廠是經不起類似災難的，只是東電沒採取任何預防措施，核一廠連地震對策手冊都沒有，因此地震當時雖然有五千人在，高階主管和監督單位卻溜之大吉，只剩下五十人敢死留守。核電廠理應能應對任何「想定外」的大事故，理應是安全的，連廠內的員工也都以爲如此，但發生事故時，卻是誰也不知道要如何因應。

從三月十二日福島核電廠一號機發生氫爆起，陸續發生了許多意外，像二十一日二號機冒白煙、三號機冒黑煙，說是「原因不明」，二十七日二號機的渦輪機房積水輻射汙染達十萬倍，初時也是說「原因不明」，後來才推測是加壓容器有破損。東電提出的數字或輻射物質種類顚三倒四，讓人喪失信心，而且從電視畫面看到的各種搶救措施都很單純、原始，至今也是澆水而已，連澆水澆多少才夠或是否會引起爆炸都不知道。廠內有高濃度輻射汙染，人員很難接近，無計可施，彷彿在跟隱形人搏鬥的小丑，無奈又無力。每天任憑輻射汙染水源、土壤和海洋，最後即使平息，也只有廢棄和掩埋一途。

此外，二〇一一年四月初，用液狀玻璃封住的二號機深井汙染劑量高達一小時一百萬微西弗的輻射水，其實只是改從別處入海而已，至於滲到地下的水，也是逐漸放到海裡去，這些都還不在正式統計之內。全球海洋都已經不足以稀釋這些輻射水。

當初要堵住這些水，日本也是動用尿片（高分子聚合物）、舊報紙等，嘗試錯誤多次，能施展的手段都很原始，跟三歲小孩的反應沒兩樣。

經過這次教訓，日本人雖自覺曾受惠於核電，也只好開始尋找非核之路走，原來高科技不過是脆弱的幌子！

也是因爲核電官僚或東電處理核災太過無能，向核災投降無數次，讓許多右傾人士也只好反核，如德國文學研究家西尾幹二便認爲，這些搞核電的人至今還沒意識到發生核災已經比戰爭還嚴重了，怎麼能隨便說出「想定外」，可見搞核電的人早就失去了最基本的警覺，因此日本已不配繼續維持核電了。

核災規模過大，政府撒手不管

面對這樣的核災，即使日本，也只能救濟到受災的十分之一。

原本許多人認爲日本是對人民生命健康照顧得較良好的先進國家，但核災根本超乎任何政府或人類所能控制的狀況。軟弱無力的政府能救濟的人很有限，只好變相淪爲殺手，而影響最大的就是兒童和孕婦，以及還想生育的母親。

許多專家估測，現在遭到高濃度輻射汙染的應避難居民約爲一百五十萬人，但日本政府只有能力讓十五萬人避難，亦即一成而已，其他九成只好自生自滅。一些非政府組織努力去斡旋地方政府和企業，提供空屋來收容福島人，尤其是有兒童的家庭，其中最賣力的團體「守護孩子免遭輻射傷害福島網絡」代表中手聖一跟我說：「我們費盡力氣，但自力外移成功的人只有四萬人，離目標還很遠！」其後雖然稍有增加，但依然有限。有兒童的家庭半數以上都想趕快離開福島，但沒有能力，變成只好在當地繼續被曝。

二〇一一年十月上旬，信州大學爲到長野縣避難的一百三十個兒童體檢，發現有十個人甲狀腺機能異常，並有出現病變，連遠走長野的福島兒童都有問題，那些留在原地的兒童無法想像。雖然日本政府打算爲三十萬福島兒童進行體檢、追蹤，但都是御用醫學機關及學者主持，至今的做法是結果未必公開，令人無法相信。

無力搬遷的災民，只好繼續吸高濃度輻射空氣及食用高濃度輻射汙染的福島蔬果、魚肉，該地區的兒童排尿當然會驗出含銫，而且相對於吸進去的量，能排出的有限，大部分殘留體內，不造成病變才不可思議。

動搖國本，禍延子孫

福島核災發生，讓福島全滅，即使六十公里外的福島市，也跟現在的車諾比三公里圈內一樣輻射汙染嚴重。車諾比核災事故發生至今已二十五年，至今三十公里圈內都還是禁止進入。福島有一百多萬人應避難卻無力搬遷，留在高輻射汙染區被曝，成爲現代悲慘世界。另一方面，萬幸的是福島離東京二百五十公里，國家各種機能都還維持，沒有造成社會混亂。即使如此，收拾核災到底要花多少錢？東京大學教授兒玉龍彥估計，單單土壤等環境除汙最少得花八百兆日圓，至於房產以及產品價值的消失等，更是以千兆日圓計，幾代都清償不完。日本過去因震災而損失或善後的金額是算得出來的，但核災算不出來，而且輻射也汙染了地震災區，因爲有核災，連震災復興也沒有進展。

兒玉龍彥所說的除汙，是保守估計福島放出的輻射物質是廣島原子彈的三十倍，殘存量是放出的一百倍，亦即廣島的三千倍，導致一百公里圈內輻射汙染劑量是一小時五微西弗，二百公里圈內是〇．五微西弗。但要除卻土壤等環境的汙染非常困難。一九五〇年富山縣發生鎘中毒事件，當時爲了除卻三千公頃的鎘汙染，日本政府投入了八千億日圓的稅金，這次輻射汙染的程度是一千倍，要投入的稅金高達八百兆日圓。

八百兆日圓相當於日本十年份的國家預算，也等於每個日本人至少要負擔六百萬日圓。現在日本的國民總資產估計是一千至一千四百兆日圓，但國家目前負債達一千兆日圓，用八百兆日圓救災將會導致日本破產，因此日本政府沒認眞救災，放任福島人飽受被曝。

即使除汙，被除掉的輻射土也沒去處。但若不除汙，則不僅福島，連東京都有許多高輻射汙染的熱場將變成無法接近的死點。核災的善後不只是要花錢除汙，其他如福島核一廠廢爐，東電表示「要花五十年，一兆日圓以上」。金融機關環保發訊組織FGW則指出至少要七兆日圓，另外，福島核一廠內到二〇一〇年底將達二十萬噸的輻射水處理費用，也是以兆日圓爲單位。

至於其他賠償，東電和日本政府只想賠四兆日圓，但事實上該賠的金額會是這數字的數倍乃至數十倍。汙染的區域太大，人畜農作物等都得賠，日本美林證券估計要四十八兆日圓，而瑞士原安會前委員長沃特・威爾第則估計應賠三六六兆日圓。目前汙染擴大的事態比發生之初嚴重多了，賠償的金額早已超乎原來的評估。

此外，日本政府打算對福島二〇三萬人進行健康追蹤三十年，所需的費用也是天文數字，更不用說福島人已賠上了自己的健康和人生。這些算不清、付不起的善後費用，說到底就是爲了維持一些核電相關的利權，原本核電就是長年在靠稅金補貼，發生核災後，這些利權業者又去賺收拾費用。台灣也一樣，乾脆直接花錢給這些貪圖利權的擁核人士，請他們不要續建無法保證安全又無法善後的超巨大核彈，那樣一定是可以省好幾千倍的錢！

「動搖國本」是很誇張的說法，但現在日本面臨核災，說是動搖國本一點也不誇張。美國核電專家甘德森指出，福島核一廠的爐心全熔出，周邊的土地三百年內無法復原，而且福島人今後的致癌病患將會以百萬人爲單位增加。但是要福島全部淨空，日本政府做不到，擔心動搖國本而無法優先考量人民的健康與生命，國家至此大爲走樣。

日本政府在福島核災發生前，從未料到日本會發生核災，也從未有眞正的對策，核災發生後也無法面對慘狀，只能祈禱、想像核災狀況沒那麼糟，因此無法迅速因應，一再延誤。明明已經花了一百億日圓開發「緊急時輻射影響快速偵測網路系統」，卻採祕密主義，不敢公開結果，延誤發碘片給福島兒童的時效（日本拿了二十萬份碘片去，但必須證明是吸了相當數量的輻射汙染才能准許服用，可是當時政府沒公布「緊急時輻射影響快速偵測網路系統」的資料，而錯失了發給服用的時機），撤離過慢且不足，結果三月下旬放射性碘半衰期過後，還測出有四五％的兒童甲狀腺被曝，若早點測，將是一〇〇％的兒童被曝（因爲放射性碘會消失，但已經造成病變等影響）。這就是爲什麼甘德森會預測今後十年致癌者將以百萬人爲單位增加。當年車諾比核災發生後，蘇聯從基輔派出一千二百部大巴士，在翌日下午把三十公里圈內的人遷出完畢，但日本政府卻是等國際壓力擴大，才不得不撤離重汙染區的居民。

關於土地汙染，日本政府是直到八月二十日才承認福島核一廠三公里圈內數十年無法住人，其實連一百公里圈，也就是整個福島縣及周邊，都應宣布列入輻射管制區域，無法住人的。這些區域的除汙不但經濟上負擔不起，事實上即使路面、住家附近除汙或森林、農地除汙都無效，因爲只是沖入水溝或搬到附近而已。車諾比最後放棄除汙，經過二十五年，三十公里圈內仍然禁止進入，白俄羅斯的許多遭輻射汙染的森林，至今長出的香菇是一公斤十萬貝克，豬肉是一萬貝克，即使災後出生的兒童也九八％都生病。反觀日本福島市，輻射汙染跟現在車諾比核電廠三公里圈同樣嚴重的地區，兒童卻還穿著短褲短袖去上學。

核災與任何大型事故都不一樣

許多擁核的人喜歡把核電災變拿來跟電車相撞事故或工廠失火作比較，甚至說核災死傷都低於這類傷害，完全是睜眼說瞎話。

一方面，事故的危險性不一樣，中國高鐵發生事故之後減少了班次，後來馬上又恢復通車，但是像福島核災或車諾比核災，則是半永久地失去了許多土地，難有改善的餘地。輻射物質不滅，半衰期都非常長，短則數十年，長則數十萬年，例如鈾二三八是四十五億年，根本是不死怪物，這種災難不是人類所能掌握的。

其次，雖然工廠失火、排放公害汙水等工業災害，會直接或間接造成死傷，危害公共安全，或是燃燒煤炭、石化等會汙染空氣、破壞生態環境，但火力發電所造成的環境問題與安全問題等，都是只要花錢改善設備或提高監管基準，便能大幅獲得解決的，而且發電效率很容易提高，像現在天然氣的發電效率便是核能發電的兩倍，日本的燃煤發電效率也是中國的兩倍以上，若能改善過濾設備，對附近居民的傷害也能降至最低。以上這些災害跟核電會帶來整個社會致命且無法挽救的傷害大不相同，是只要用花在核電的幾百分之一的預算便能大幅改善的。

有些預言還是不要命中才好——核電的十大預言

經濟學家、歷史學家或科學家都習慣從統計或經驗來推測未來，提出各種預言，而人的生活中也每天都在預言中進行，從氣象、股票漲跌到天災，有些能命中很好，但有些不幸言中就很糟，像福島核災發生之前，早就有無數專家提出警告，但推進核電的政府和業者故意忽視，當作虛妄預言，不予理會，沒想到這些預言眞的一一命中。這並非反核者先知先覺，而是核災本非偶然，只要有核電就會有核災的可能！

御用學者到現在還在說福島核災是「一億年一次」，其實在此之前，世界就已經發生了兩次大核災，而且福島核災是在震度六時就沒救了，發生的機率很高。另外，核災沒有免疫力可言，專家也說「不是福島發生了核災，日本就不會再發生核災的！」這是警告，而非預言，也最好不要再命中了！

福島核災的基本原因是「全部電源喪失」，日本早有幾十位學者專家或作家提出，會因同樣原因而全部斷電，二重、三重的電源都無法使用，爐心因無法冷卻而熔毀，這是預言之一。不幸成眞後，核電當局連聲表示「無法相信會發生這種事！」或「想定外」「預想外」等，這種「驚訝」反應，硬把人禍說成無法預計的天災，也早在預料之中，是預言之二。

預言之三是核電都是黑箱作業，除了掩蓋不住的事故只好公開之外，小事故都被埋葬到黑暗深層，或數字遭篡改，或沒對外公布，擔心因此阻撓核電事業的擴展。

預言之四是許多核電專家只知核電的一個枝節，不知核電的全面，因此過度樂觀，當核災發生，不知如何因應。從車諾比核災事故便發現，原子爐都爆破了，負責人還不相信。若核電專家眞的了解核電的危險以及核電汙染的本質，會成爲最激烈的反核運動者，全世界皆如此。

預言之五是核災的通報都很慢，像日本最初只讓二十公里圈的人避難，四十公里圈高輻射汙染的飯館村等，則是礙於國際壓力才不得不撤離。預言之六是官方會掩蓋事態的嚴重性，像三浬島和車諾比核災，官方的輻射汙染測定值都少算得離譜，而福島核災放出輻射物質已超過車諾比，至今日本政府還沒正式承認。

預言之七是對輻射影響故意低估，輻射汙染不會馬上致人於死，因輻射受害發病是在幾年之後，因果關係很難證明，正中當局下懷。像蘇聯還曾對國際原子能總署報告「居民幾乎未受害，只有對輻射能神經質的恐懼症而已」。

預言之八是爲了追求效率、省錢而犧牲安全，必然發生核災，例如明知日本曾發生高達三十九公尺的海嘯，所有的核電廠卻連十幾公尺都擋不了；明明是地震大國，所有的核電廠在震度六左右都會出事。

預言之九，雖然政府不樂意，但今後整個日本得耗費相當比例的力量對付輻射汙染。白俄羅斯現在每年花兩成的國家預算對付輻射汙染，如食品測定與醫療。預言之十，核災後大家都爭著挖過期食品當寶，而現在的日本正是如此！預言時還是笑話，現在則是不得不面對的惡夢！

理由10

即使沒核電，電力也絕對夠用

擁核人士或電力公司最常威脅反核者的話是：「你不用電呀！」「你不搭電梯呀？」在台灣，甚至還有名主持人問我：「那妳不怕回到江戶時代，沒冷氣可吹呀？」回到江戶時代，未必是壞事，但沒有核電，一定還有冷氣可吹的，馬上把核電與電力不足連在一起來恐嚇人民，是擁核政府或業者慣用的手法。即使核電依賴率達三成的日本，沒有核電也完全不會有問題，更何況台灣的核電依賴率只有一八%，備載率是二三～二六%，若加上核四，根本達三一%，台電發電過剩了。

台灣發電過多，用低電費強迫推銷

世界各國已逐漸將核電汰換爲天然氣發電，因爲天然氣的蘊藏量比核電的原料鈾更豐富，而且天然氣的發電效率是核電的兩倍，建廠費時短，只需半年至二年，比建廠需要七年以上的核電具時效性。

平均來說，一座核電廠的興建需時七至十年，所以發生能源需求時，核電其實緩不濟急。以台灣爲例，一九八〇年台灣因電力需求而提出興建核四，至今已經三十一年了，結果核四一建十幾年，電力需求等不到核四來解決，早就陸續興建新的火力發電廠，而且發電過剩。等到核四興建完工，早年的電力需求已不復存在。這並非特例，而是每座核電廠都會遭逢的窘困。台灣未來人口減少，電器省電，電力需求會增加的假象也是核電當局故意製造出來的。

台電的主管曾表示，若不用核電，改燒天然氣發電，將使電力成本每度上漲一毛。而以二〇一〇年全國每戶每月平均使用四〇一度電計算，每個月要漲四十元，如果眞的如此，則可以說只因四十元就要出賣台灣全島人民的身家財產，台電實在太低估台灣人的生命了！

日本人省電後，驚見電力過剩

二〇一一年的夏天大概會是日本社會很難忘的一個夏天，或許有人會記住這是「歷史上大家一起對抗電力不足的夏天」吧！因爲處處都在喊省電，尤其七月一日起，汽車產業還週四、週五休假而改爲週末生產，有的企業或官廳提前一小時或二小時上班，公司行號內外都降低燈光照明度，或把空調溫度調高，以避免夏季用電尖峰時間出現斷電大恐慌。

家庭或個人也都有許多省電措施，省電的家電用品大暢銷，而全家人會盡量集中在一個空間裡吹冷氣、看電視，只有一個人時就盡量不吹冷氣等。人們申請低安培數的電表等，節電概念滲透。❶

雖然不管是否缺電都該省電，但省電的結果讓大家發現，以前上了擁核的經產省和電力公司的當了，因爲在這個夏天，五十四個原子爐只剩兩成的十一個原子爐在運轉，用電也毫無問題。因此九月上旬剛就任的新經產大臣鉢呂吉雄馬上表示，今年冬天不再下「電力使用限令」，而且表示根本不會陷於計畫停電的窘境。但是反核電的鉢呂上任九天後，就被習於當財經界傳聲筒的媒體記者找他言行毛病，而把他轟下台。

據東電表示，九月的電力需求估計是四、〇八〇萬千瓦，供電能力爲五、五一〇萬千瓦，亦即電力剩下一、五〇〇萬千瓦。一個原子爐平均發電一百萬千瓦，亦即剩下十五個原子爐的電力。日本這個夏天只有十一個原子爐在運轉，剩餘電力卻有十五個原子爐份，表示即使沒有核電的「零核電」，用電也完全沒問題。

到了九月底，東電公布夏天（七～八月）電力供需的詳細狀況。在東電轄區內最大消費電力，是八月十八日下午二至三點時東京都心最高氣溫三六・一度時，用了四、九二二萬千瓦。企業及一般家庭努力省電的結果，比二〇一〇年用電尖峰的五、九九九萬千瓦（七月二十三日）減少了一八％，尤其是電費優待的大用戶因為有接受限電的義務，原本應省一五％，最後居然省了二九％。可見企業要調整生產或費心改善設備來省電，還比一般家庭容易得多。

既然連用電最多的夏天都沒問題，而冬天還有各種取暖方式，如天然氣暖爐、煤油暖爐等，看到二〇一一年夏天剩下那麼多電力，讓人懷疑到底夏天發布省電或企業限電命令是否有必要？其實都是為了想繼續使用核電而虛張聲勢而已。

以關東地區而言，東電最初表示二〇一一年夏天不足的電力是一千萬千瓦，而東電在七月底的供給量是四、六五〇萬千瓦。擁核的《讀賣新聞》早在三月二十四日便不斷幫東電煽動說：「東電表示，今夏電力不足必至，供給量最大是五千萬千瓦！」為此各界多方協力省電，像是街燈少點一些、車站和公共設施的電梯少開些、電車車廂冷氣稍微調高些，結果都沒什麼問題，習慣就沒事。

但東電到七月又宣布供電能力增加為五、七二〇萬千瓦，超過原本預估夏天需要量的五、五〇〇萬千瓦，原本此時可以解除限令，但那樣又會讓人感覺東電一開始就是故意在刁難，要製造沒核電有多困難的狀態。

長年關切核電的蒲公英組織代表柳田眞表示，東電原本就是肆意出示比較少的供電力，因爲「供電力不足＝需要核電」就是東電的邏輯，但是電力其實過剩，像現在過剩的電力達一千五百萬千瓦，根本是天大損失。

電力公司不斷生產過剩的電力，結果沒用那麼多，電力又無法保存起來。東電其實是想用戶多用電，但是無法說出口，居然私下派員工去商店街鼓勵點燈，並說：「如果大家都不用電，則東電收入大減，無法賠償福島核災災民！」好像不用電變成對不起福島災民了！東電不敢明目張膽鼓勵用電，結果造成很大損失，這些損失的結果又由人民來負擔，因爲日本經產省每次都輕易同意東電的漲價。

東電原本恐嚇會斷電，這是擁核當局慣用的手法，而且從二〇一一年七月起，開始發布電力使用狀況的預測，稱爲「電力預報」，把相對於供電力的使用實績幾乎同時公布、數值化，也預測翌日尖峰時間的供電力，還不斷透過電視新聞以及網路報導，幾乎已經跟氣象預報一樣，報導時都會順便呼籲大家一起來省電，但到底要省到什麼程度才夠，卻完全不知道，若眞的用到一〇〇%就會斷電嗎？當然有些幫忙吆喝的媒體會恐嚇說，即使大家省電還是會斷電，亦即強烈主張核電是必要的。

二〇一一年六月二十四日是超級猛暑日，擁有日本國內最高氣溫紀錄的埼玉縣熊谷市，在下午兩點觀測到三九．八度，破了六月的最高氣溫紀錄，當天關東地區有數十人因中暑而送醫。在這麼熱的天氣，電力需求也連續四天增加，破了了三一一災後最高用電紀錄，尖峰時間爲四、三八九萬千瓦，電力使用率爲九一．六%，大家都很緊張，因爲東電一直在說，電力的安定供給需要八～一〇%，但究竟用電達到一〇〇%時會怎樣呢？東電發言人只說：「爲了不變成這樣而努力。除了大規模停電外，我們也不知道具體會發生什麼事！」

前東京農工大學電力工程學教授堀米孝，現在是日本潔淨能源總和研究所的理事長，他表示：「斷電的可能性理論上不會沒有，只要需求超過供給，電壓、週波數開始下降，發電、輸送雙方無法正常運作，斷電風險就會變高！」但堀米也表示，實際上不會斷電的，因爲「電力預報」尖峰時間的供電量，對東電來說是有相當餘裕與保留的數字，那個數字幾乎沒包括抽蓄水力發電（利用夜間離峰時段的剩餘電力將下池的庫水抽回上池蓄存，待白天尖峰時間再利用上池與下池水的高低位能差，將上池水放下，推動水輪機發電）的數字在內，因此就算電力預報顯示一〇〇%也不會斷電，東電的供電力其實非常充分、有餘裕。

東電至今的最大供電力是七、七六九萬千瓦（二〇〇九年度末期實績，包括接收其他公司的份），扣除福島核一、核二廠發電容量約九百萬千瓦，也還有六、八六九萬千瓦。東電在夏天來臨前不斷叫沒電，把過去在網站上公開的電源別的發電實績資料刪除，其實單純計算就知道東電有相當餘力的。東電在電力預報中公布的「本日尖峰供電力」，其實不過是東電自行決定的一個數字而已，跟眞正的供電能力無關。善意解釋的話，東電原本或許是爲了呼籲大眾省電而特意以多報少，但東電保留大量電力，其實非常浪費，眞相只是爲了製造緊張感而有理由維持核電，而且也成爲東電四處籌措電力而有漲價的藉口。

關西電力等其他電力公司看東電搞「電力預報」，也紛紛跟進，但那些數字都是電力公司片面決定要公開多少，在尖峰時間動輒發出「需要緊迫警報」，其實會導致許多老人家不敢用電而中暑死亡，媒體稱之爲「省電死」，這就讓東電更有藉口表示核電不可缺。事實上二〇一一年因爲大家有心省電，學了許多預防中暑的對策，也變得更小心，雖然有些日子天氣更熱，但中暑死亡的人反而減少，八月中暑死亡的案例不到前一年的一半。

電力不足的謊言與威脅

東電等電力公司從三一一之後，就不斷製造電力不足的假象，而日本人民都很合作，努力配合政府，盼望自己省電就可以不要用核電，不會像現在讓福島人受苦受難。

七月剛開始努力省電時，東電新上任的社長西澤俊夫七月十三日居然在朝日電視的專訪中爆炸性發言指出「東電的電力綽綽有餘，還可以送電給關西電力呢！」讓關東人覺得再度遭東電戲弄了！三一一剛發生時，東電直叫會缺電，還實施毫無章法的計畫停電、輪流停電，連電車都大舉停開，好像進入大恐慌，把關東地區搞得人仰馬翻，後來才發現電力根本是足夠的，計畫停電也很快就停了。

東電在震災之前，預測今夏的最大用電量是五、七〇〇萬千瓦，供應能力早就超出了需求，何況後來大家拚命省電，採取各種對策，結果還剩很多。

日本產業界原本對電力不足的問題有些不安，也很擔心因爲核電廠停機問題而造成企業成本上升，但是最近許多專家相繼指出，其實只要電力公司不搗蛋，電力是不會不夠用的。日本企業自家發電能力可達每小時六、〇〇〇萬千瓦，相當於六十個原子爐的發電力，即使依賴率達三成的日本，原本也不需要核電。

夏天的用電顯然沒問題了，電力公司馬上又說：「冬天也將以西日本爲主，五家公司會電力不足！」產經新聞甚至報導「冬天也將有五家電力公司會不足，核電廠停機的話，將缺電四~二〇%」。但事實上，冬天的用電至今從未出過問題，因爲冬天的暖氣方式很多樣化，還有煤油，而且穿多一點就可以，替代的方式很多，根本不會缺電。基本上可能缺電的只有夏天，但電力公司或擁核人士用夏天威脅沒成功，又開始用冬天威脅。

目前最大的問題在於，日本發電、送電都是交給各區域的電力公司，如東電、東北電力、關西電力等所壟斷，但他們往往以沒有送電線等理由，在收購民間發電方面態度消極，因此妨礙小規模發電或自然能源的發展。

打破壟斷就不會受威脅

日本的電力公司是由十大電力公司管理、營運，是一種特殊的地區獨占電力公司，只針對自己轄區內的送電而發電，電力的分配完全沒融通可能性，也因此阻礙民間發電的競爭。

戰前的日本原是在各地方都有電力公司，戰爭結束時集約成「日本發送電」與地方九家配電公司，由國家管理，到了戰後，東邦電力公司社長松永安左衛門施展鐵腕，而在一九五一年時建立了現在全國分九大塊、成立九家電力公司的分割民營化基礎，然後加上一九七二年美國把沖繩歸還日本時的沖繩電力公司，而有了現行的十大電力公司體制。現在除了沖繩電力之外，各電力公司都有核電廠。

十大電力公司的最大特徵是「地區獨占」，從全世界來看，發電與送電分屬不同組織應該是主流，但日本則是發電與送電一貫管理，因而形成地區獨占企業，對於電費費率以及是否收購民間發電都有絕對決定權，也因此妨礙自然能源的發展。

台灣台電的獨占壟斷狀態也跟日本的電力公司一樣。台電的雛形是在日治時代奠定的，當時與台灣銀行和台灣拓殖株式會社並稱台灣日治時期的「三大國策會社」，也因此戰後即使變成現在的台電，發、送電一體的狀態維持不變。台電用低廉的電費來阻礙自然能源的發展，讓民間喪失使用太陽能發電的意願。日本的電費昂貴，原本民間發電很划算，但這十大電力公司往往以送電線沒餘力等藉口，不願意收購自然能源或民間企業自家發電的剩餘電力，形成絕大的資源浪費。

日本在核災前，五十四個商轉的原子爐原本就只有六成在運轉，因爲每十三個月要進行定期檢查。後來因爲核災而停止了幾個爐，目前只有十一個爐在運轉。依照目前狀態，到明年三月，大概所有的原子爐都會停機，要恢復運轉非常困難，而且日本政府已經宣布「不新建、不延役」，老爐要持續運轉不易，會逐漸走向安樂死狀態。

原子爐停機對東京電力、東北電力或中部電力來說完全沒問題，現在稍有問題的是關西電力，因爲關西電力對核電的依賴率達五成，不過關西電力也只要多收購其他業者或企業的發電就好。關西電力最初要求用戶省電的理由是要通融電力給東電，但東電社長卻表示可以通融給關電，可見不管哪家電力公司其實都有餘力，只要不搞鬼，就不會缺電。

即使關西電力的大飯核電廠現在有一個原子爐出了問題，有點緊張，但可以多收購民間發電。大阪可以學東京，東京要興建天然氣發電廠，跟一個原子爐一樣有威力，興建核電廠要費時好幾年，天然氣發電廠則一年半載就建成了。

東京算是跟壟斷電力的東電宣戰，不受東電動輒威脅缺電或漲價。其實許多地方政府也想學東京，不想受制於電力公司。

日本各界都認爲，要根本解決這個問題，就必須將發電、送電分開，讓電力自由化，而且現代壟斷的各電力公司的送電網都是由政府補助，這也是爲什麼孫正義拚命慫恿菅直人通過新能源法案，強制電力公司必須收購其他業者發的電，但結果通過的法律並非固定收購價格，而是可以任由電力公司調整。孫正義原本在九州偏遠地區大舉開拓「電田」，在廢耕地上設置大型太陽能光電板發電，但結果法律並不眞的支持，而打算縮小、撤退，可見自然能源還是阻擋勾結已深的既有核電利權的利益，路途相當艱辛遙遠。

「電費不能不上漲」的謊言

電力公司老愛說：「沒有核電，電費要上漲！」像六月十日《讀賣新聞》刊出「全部核電廠都停止的話，家庭電費將每月上漲一千日圓」。

直到二〇一一年十月份爲止，日本各大電力公司連續漲電費九個月，但後來相繼被踢爆這些電力公司都是超收電費，尤其是東電，過去十年一直隨便報高成本，而超收六千億日圓以上，這些電費有相當比例都是拿來養許多外圍組織，這些外圍組織是專門讓電力公司的上級主管單位，包括經產省以及警視廳等公安單位官員，在退休轉任用的，他們專門幫電力公司進行關說。

各項醜聞相繼爆發之後，電力公司才表示因爲日圓升值等因素，而打算把十一月份的電費調降。從這些調價，可以看出電費其實都是電力公司隨便算的，因爲是獨占壟斷的事業。台灣和南韓的做法則相反，是以超低電費來製造核電廉價的假象，然後每年台幣數百億元的赤字（二〇一〇年三百多億元、二〇〇九年七百多億元）是由稅金來負擔。

日本電費又是另一套荒謬的體制，因爲日本政府採取總括原價制度，亦即「發電成本×報酬率（三．〇五％）＝利潤」，亦即電力公司如果增加發電成本的話，利潤就會自動上升，這跟一般企業要靠裁員等降低成本的措施來增加利潤，完全是相反的結構，之所以允許這種狀況存在，就是因爲決策的經產省和電力公司的勾結關係。

日本的電費被批評爲世界最貴，幾乎是台灣的三倍，基本原因是日本電力的供需量並非以一天來看，也不是以一年平均來看，而是顯示最尖峰時的數值，爲了尖峰時間用電的需求而維持著過剩的設備與人力，而電費也是配合尖峰時間的供需量強制訂定的價格。台電雖然採用低電費，但基本上也是配合尖峰供需量，而強制人民消費，只是台灣的電費看不見的部分是稅金在補貼，是非常浪費的結構。

日本電費的結構是，越花錢在最昂貴的核電以及宣傳核電的安全神話，利潤就會大增，至於東電對核災災民的賠償，到頭來也是靠電費轉嫁給人民，自己在經營上並沒打算改善，裁員、薪資等都沒進展，輿論大為反彈。一直到十月，日本政府才要求東電至少應比照日本公務員般一律減薪。

電力公司每次都說，如果轉用其他能源如火力發電或自然能源，電費就要上漲，但對核電是最貴、最不安全的事實，卻絕口不提。現在要從危險、昂貴、沒廁所的家，搬到便宜、安全、乾淨的家，原本就得付出點代價，而原本應該是興建危樓的業者要負責善後，業者卻反過來威脅、恐嚇消費者，天下怎麼有這種道理？

雖說核災未必常發生，但核電是誰也經營不起的事業，只要發生一次，則至今上百年的努力都泡湯了。就像東電，原本早該破產、解體，現任經產大臣枝野幸男就主張將東電解體，至少打破壟斷。

「電力不足，產業會出走」的威脅

日本財經界和媒體在人民八成都同意廢核時，大合唱說「如果核電廠停機，電費會上漲，企業會一起出走到海外」，這是核電當局所說的最明顯的謊言，卻臉不紅、氣不喘！核電當局根本不關心日本企業的存續，只擔心自己既有的利權無法維持。

原本成本最昂貴的核電廠如果廢止，電費應該會下跌，因為正是核電把日本的電費搞到世界最貴一級的，而且還從稅金支出天文數字來補貼。沒核電就應該會便宜，只不過日本現在電力自由化毫無進展，發、送電沒分離，因此風力、太陽能發電事業當下還無法與核電公平競爭。在廢核初期，如果引進代用的天然氣發電或自然能源發電，電費是會上漲，這也是核電當局長年造成的腐敗的結構所致。

事實上，日本工業出貨金額的平均成本中，電費只占一．三%，即使電費上漲一〇%，從成本來算也不過增加〇．一三%。

企業會出走，以海外為生產據點，基本上都是因為考量勞動力、法人稅率優待等比重相當大的成本，加上看好外移對象國家市場的潛在成長力等。核災之後，促成日本企業外移的主要原因不是電力不足或電費上漲，而是日圓大幅走升，甚至達一美元兌七十九日圓，讓企業的人事費相對提高而降低競爭力，並非真的是因為電力不足。

台灣在這方面也跟日本一樣，企業外移跟電費上漲根本沒有直接關係，台幣大幅走升才是真正原因。

在新興國家設廠，電力不足、停電的風險更高

核電當局又表示，電力供應不穩定的話，也會導致企業出走。

三一一之後的停電或計畫省電，是地震導致各類電廠都叫停，而非單純核電停掉造

成沒電可用。而且是東電自己估算不精準不說，還故意用毫無計畫的限電來恐嚇用戶，造成混亂。二〇一一年夏天，五十四個核電廠只剩十一個在運轉，即使再熱的天也都沒問題，尤其關東地區，幾乎每天都只用到預估的尖峰用電的七、八成而已——不是供電能力的七、八成，因爲供電能力又比預估用電量高多了。

有幾家大企業表示比較擔心的是電力供應不穩定，但日本眞的會有點電力不足可能只有在每年屬於用電尖峰時間的一五四個小時❷，只要這段時間大家錯開用電就沒問題。而且從結果來看，即使尖峰時間也還剩餘大量電力。

雖然擁核當局宣稱，有企業表示現在電力公司要求省電一五%，如果將來又要求更進一步省電一五%的話，可能就會影響重大，導致企業無法事前訂定生產計畫，而不得不將生產據點移到國外。

但專家都認爲事實上不但不會有電力不足的問題，企業也不會因爲供電不穩定而出走，因爲像日本現在最可能出走的國家都是如中國、越南等新興國家，這些國家的電力不足問題才更嚴重，停電次數也非常多，跟日本幾乎完全不停電的狀態不同。

注釋：

❶使用低安培數的電表，用電超過時很容易跳掉，可以提醒使用者節約用電，另外，在日本，低安培數電表的基本費比較便宜。

❷這個尖峰時間的時數，是由日本能源政策研究所根據電力公司歷年用電的實績計算出來的。

第三部分

非核家園才是理想家園

沒錯，我去年支持了我國新能源的基本計畫，支持核電廠的延役，可是，今天爲了不要引起誤會，我明白地表示，「福島改變了我對核電的看法」！

——梅克爾，德國總理

第1章

先進國家能廢核，我們也能！

台灣政府在二〇一一年九月公布新能源政策，依然不肯放棄國內外專家都覺得危險無比的核四的商轉，而且經濟部又搬出同樣落伍、懶惰的跳躍式邏輯「經濟成長＝大量用電＝核電」，拚經濟硬是要跟核電掛鉤。

經濟部提出要核電的理由是，二〇一一至二〇一八年平均經濟成長率五％，電力成長需求彈性係數〇．七五比一，估算至二〇二五年，每年電力成長約三．七五％，非要核四不可。

「經濟成長＝大量用電＝核電」是牽強偷懶的過時邏輯，經濟部沒對人民解釋這種推論的必然性，爲何不讓產業升級或提高產品價值，還要土法煉鋼，以大耗電的方式增產，可見經濟部太不努力了，或是對台灣企業的潛力過度低估。現在的機器、家電都很聰明省電，只要稍微努力，用電只會越來越少，不會增加。

「靠核電拚經濟」是過時的邏輯

從日本二〇一一年夏天的實際經驗來看，只要稍作調整，汽車產業能省一五～二五%，個人或商店等生活用電省一五～二五%也很輕鬆愉快。在台灣，七、八月電費超過兩萬元的新聞局長楊永明，願改善老舊設備來省電，若再加上省電意識，一個月應可省五〇%以上吧！

在舊時代人們曾用「砂糖消費量」來衡量經濟發展的程度，但現在正好相反，用得越少反而代表越先進。電力也一樣，冷氣開到能養企鵝的程度是很野蠻的行爲，「經濟成長＝大量用電」也是很原始的爛邏輯，經濟部應有對策，至少先制止台電用超低電費來強迫大家用電、讓節能減碳淪爲口號，也應停止上演用稅金來補貼台電數百億赤字的鬧劇。

核電也是，在五十年前或許是進步的，但過了半世紀，依然無法解決用過核燃料的問題，核安神話已然崩盤。地震大國最易發生的核災會導致台灣全島滅絕，「大量用電＝核電」的邏輯早該退場了。核電是所有電力裡最昂貴的，即使沒核災，劇毒的用過核燃料沒去處，拆爐是要花費台幣數千億元的百年大工程。核四只要一灌燃料，就有數千億元的負擔在等著，而這麼小的台灣要懷抱劇毒的核廢料十萬年，嚴重汙染生存環境，活得下去嗎？

發展別的能源，自會有新市場與新的就業機會可以期待，更能拚經濟，堅持核電只是顧及特定利權而已，卻要全民賠上身家安全。就像法國，現在也驚覺固守核電讓法國經濟最落後，喪失發展新能源的機會。

台灣的主管機關這次又拿「沒核四會斷電」來恐嚇人民，手法很老套，日本電力公司也曾恐嚇二〇一一年夏天會斷電，但到了九月，五十四個原子爐只有兩成，也就是十一個在運轉，也毫無問題，而且還剩下一、五〇〇萬千瓦的電力，相當於十五個原子爐的供電力，顯示就算沒核電，依賴率三一%的日本也完全沒問題，電力公司都發電太多了，發電過剩的成本，都由人民承擔。台灣的核電依賴率只有一八%，備載率高達二三～二六%，若有核四則會高達三一%。台灣也是人口減少社會，未來用不了那麼多電，只要電費稍微合理化，沒有核電也綽綽有餘。即使電力需求眞的增加，天然氣發電廠的效率高、建廠需時短，會比核四更快開始運轉，沒核安的核四早沒理由堅持建下去了。

日本政府好不容易才招認，若以放出的銫一三七來計算，福島核一廠至今放出了一六八．五顆廣島原子彈，雖然這種單純比較有不盡合理之處，但除了核彈爆炸瞬間殺傷力很大外，核電比核彈更毒，且毒性殘留時間更長，核電的輻射汙染比原子彈爆炸更恐怖。福島核一廠等於從三一一至今，每天放出一顆廣島原子彈的輻射物質，而且還在繼續放出中。

一六八．五顆原子彈的數字，只是日本政府測量大氣的部分，若再加上熔出的爐心及廠房龜裂造成的海洋及地下水汙染，將更加驚人。核電廠沒放出的輻射也還有二、三千顆廣島原子彈的份量。然而，即使福島核災發生，台電還一直辯稱核電並非核彈，或許這樣說也沒錯，因為核電比核彈更恐怖！

核電阻礙新能源開發，災變導致經濟倒退

日本國債被降級，東北復興難有進展，就是因為核災梗在那裡，使得整個東日本都遭汙染。除了直接的災情損失，核災對日本產品國際形象的傷害無法計算，而且東大教授兒玉龍彥表示，原子彈的輻射能過了一年就衰減為千分之一，但核電的輻射能減到十分之一後就不減了，毒性不滅，幾乎整個福島縣都不該住人或栽種農作物。

許多五十歲以上不關心家庭、不顧別人死活的專家或業者，還在說「日本沒核電會淪為窮國！」核電本身是超級賠錢的昂貴電力，連日本政府最近試算，都承認每度成本

十六～二十日圓，最糟的是還要賠上永遠無法復原的環境，只是滋潤了業者及吸核電奶水的政客。災後最早從試運轉轉換爲商轉的北海道泊村核電廠，就是因爲知事高橋春美是北海道電力抬出的政客，爲此祭上了整個北海道的安全與健康。核電廠即使不發生核災也會放出低劑量輻射能而致癌，泊村就是全北海道致癌死亡率最高的。

東日本四千萬人現在過的是最貧乏的日子，沒有乾淨的土地、海洋、水，連在福島核一廠二百五十公里外的東京都不會想深呼吸。明知今後壽命會短縮，卻還想繼續貼錢搞核電，那是只有直接從核電獲得利權的人的算術。台灣也是，台灣人正躺在全球下一個最可能爆炸的一千顆核彈上，發生核災的後果是全島永遠滅絕，除了直接有利權的業者和政客外，正常的台灣人不會算不清楚的！

德國、義大利、瑞士都要廢核

福島核災後，德國、義大利、瑞士三國陸續決定廢核，形成了一條廢核地帶，縱貫歐洲。十月底，比利時國內六大政黨達成共識，也同意廢核。甚至連世界第一大核電國法國，也因福島核災及自家的核電廠事故，開始檢討要在二〇二五年之前把核電廠減半。英、美雖然到現在還沒有明顯要轉向，但美國有幾處計畫也叫停或取消，未來的走向也必定受很大影響。

對世界衝擊最大的還是德國吧！他們原本有核電廠十二座、原子爐十七個，發電量占二三%，現在已訂出完整的時間表，先正式廢掉福島災後緊急停止的八個最老舊的爐，其他九個爐將在二〇一五、二〇一七、二〇一九年各廢一個，二〇二一、二〇二二年各廢三個後完成。

德國本來就有反核傳統，因爲車諾比核災讓他們遭受了太多池魚之殃。一九九八年，以社會黨及綠黨組成的政權就宣布以廢核爲主要政策，二〇〇二年通過了至二〇二二年全面廢核的法律，但二〇〇五年基督教民主同盟成爲第一黨，風向開始轉變，二〇〇九年社會黨脫離聯合政府，重新評估廢核政策成爲執政共識。

二〇一〇年，自由民主黨與基督教民主同盟共組聯合政府，該黨出身的總理梅克爾宣布，將原訂廢核計畫延後十四年實施，等於擱置下來，廢核路線遭修改，精明如德國人畢竟還是健忘的，這項政策雖然引起反核勢力的反彈，但並沒發展成全民反對運動。

福島核災給了決定性的最後一擊。梅克爾總理宣布緊急停止八個爐時說：「我無法忘記福島核電廠的情景，這是可能發生在我們自己身上的，爲了保護人民，我只好這樣做！」

梅克爾總理在國會的演講時指出：「日本所發生的悲劇，無疑是世界的轉機，也是我個人的轉機。日本這樣高科技的國家，也無法駕馭核能的危險，這個事實，我們只好認眞面對！基於此一認識，我們對核能必須有新的認識與新的看法。核災一旦發生，所導致的結果，在空間上、時間上都極其廣大而深刻，遠超過其他的能源！**問題不在於德國會不會發生像日本那樣的地震，而是我們已經無法相信，至今自己對於風險的評估。**沒錯，我去年支持了我國新能源的基本計畫，支持核電廠的延役，可是，今天為了不要引起誤會，我明白地表示，『福島改變了我對核電的看法』！」

擁核派現在還對梅克爾總理貼標籤，說她只是迎合大眾，因為福島災後的民調顯示，八成以上的德國人支持廢核。可是聽了她的演講就可以了解，她的廢核大轉向，是出自政治家的良心與對事實的虔誠。

日本擁核派有時會說：「你們這些反核的，福島之前不是支持核電的嗎？見風轉舵這麼快呀！」這不叫見風轉舵，而是知錯能改，有以今日之我來否定昨日之我的勇氣。若在這麼大的震撼下，對自己的思維沒有一點修改，表示這個人已經喪失吸收能力。

另一方面，八成廢核民意的形成，主要是德國人民的環保意識原本就很高，媒體讀識能力很強，德國的媒體水準自然也高。福島核災發生後，德國媒體非常熱心報導，讓人體會真正大核災發生在日本這樣的先進國家，依然束手無策、依然悲慘。

當然，德國要廢核，也需要很努力，像是在二〇二〇年減少用電量一成，自然再生能源比例要提高至五〇％，不過從日本災後省電的例子來看，要省一五％乃至二五％都不是那麼困難，無論廠房、機器或家電等，都越來越省電，不是多費力的事。

義大利原本就不喜歡核電，一個原子爐都沒有，但貝魯斯科尼總理在二〇〇九年和法國簽約，準備興建四座核電廠。此舉本來就沒被義大利人民接受，在福島核災後更被迫舉行人民公投，連羅馬教宗都出來表示支持自然發電，結果興建核電廠案以九四%的反對票被否決。

因爲法律規定，投票率必須超過五〇%，公投才會生效，大部分贊成核電的人看大勢不妙，改採不投票戰術，形成九四%這個懸殊結果。以地震國義大利而言，反核是一個自然的選擇。義大利本身是核電小國，但此項決定還是對世界產生很大的影響力。

瑞士是繼德國之後，在五月底內閣決定走向廢核的。瑞士意外的是核電大國，擁有四座核電廠、五個原子爐，占發電量四〇%，是表明廢核國家中核電依賴率最高的，這也表示他們做這個決定的覺悟之深。瑞士宣布到二〇三四年達成廢核，事實上是「不新建、不延役」。

德國如何做到廢核救經濟

德國的廢核之路是怎麼走過來的呢？二〇〇二年時擔任德國總理的施羅德說：「**當初電力業界的抵抗實在可怕，因爲他們從來沒想過做核電以外的生意。我和電力界層峰討論多次，直到他們接受爲止！**」

施羅德並表示：「安全必須是執政者的第一考量，不管危險的機率看起來有多低，不能當作沒有，我用我的安全哲學，說服了反對人士。」他認爲：「日本有拿手的省電技術，積極推進自然能源，短期過渡時利用天然氣，完全沒有問題。能源轉型可以讓日本成爲下一個時代的先驅者。」

關於自然能源的展望，在這次德國廢核決策扮演重要角色的綠黨議員希維亞．高廷吾，也是該黨環保政策發言人，在訪福島後表示：「廢核喪失的電力，將來一定可以用自然能源代替的，目前德國的自然能源已達到電力生產的一八%，而且還有很多擴大的空間。當初，如鋁工廠等需要大量電力的業界，反對或擔心的聲音很多，但在多次討論後，他們改採積極態度，認眞檢討自己能做哪方面的貢獻，結果風力、太陽能的成長反而提高了鋁及周邊機器等需要，爲那些原本自危的業界帶來利益。」

她也表示：「能源問題的政策決定，一定要攝取民意，這是德國的經驗。廢核與對自然能源的投資，都是對我們下一代的安全與能源的投資，這一點一定不能忘記。」

德國對再生能源的社會投資，二〇一〇年超過三兆日圓（亦即四百億美元，其中半數以上是太陽能），另一方面，日本在二〇〇八年全球金融海嘯前對汽車及相關產業的設備投資達二兆六千億日圓，但再生能源才是眞正的成長產業，日本或台灣今後也必須改變方向。

德國經濟在過去二十年達成二六%的經濟成長，能源消費卻減少了一一%。另一方面，同期間日本經濟成長一六%，但能源消費卻增加了八%，可見是能源消費減少更能達成經濟成長，這是廿一世紀的典範，只是日本還無法從上個世紀脫拔出來。

台灣也跟日本一樣，經濟部所擬定的能源政策依然是大量消耗能源，尤其是電力，台灣的經濟成長率都還是燒能源硬燒出來的，但是否能達成經濟成長都還很有問題。

德國政府對綠能產業的補助非常積極，因此各領域在歐洲、甚至全世界都最爲領先。對風力發電提供二五％的投資補貼，以及低於市場利率一～二％的貸款，對於地熱發電產業也於二〇〇九年推出「氣候友善投資計畫」，獎勵民間廠家投資地熱。前此的二〇〇七年，德國能源業者與冰島政府簽署合作備忘錄，將冰島鑽取地熱發電，再經北海海底輸電線，將電力傳送至英國與歐陸各國，可供歐陸一百五十萬戶家庭用電。德國的太陽能發電更是發展有成，全球二十家最大的太陽能面板廠商，有十五家在德國，相關的發電技術及成品有餘力出口，全球市場占有率達六成。

台灣比起德國，有強大的太陽能，有更多的海上風力潛力，還有海流、地熱等，自然條件遠比德國優厚，台灣所欠缺的是哲學，也就是對下一代的安全是用什麼態度去對待，如果有，自然不輸給德國。

核電出口的騙局

亞洲非核論壇（ＮＮＡＦ）二〇一一年九月在日本舉行，其中一場座談會專門討論核電越海出口的問題，熱烈討論了南韓想成為世界第三（僅次於法國、日本）、甚至第一核電大國的野心。南韓估算到二〇三〇年為止，全球將會新增四百三十個原子爐，而南韓必將搶到其中的二〇%，亦即要出口八十個原子爐，目標大致針對亞洲以及中東，讓同為地震大國的亞洲各國嚇死了！

南韓核電出口大騙局

不過，南韓代表李憲錫對各國踢爆南韓核電出口騙局，原來所謂的得標，不過是南韓為了簽約、製造出口實績，打對折又外加各種大奉送的幌子。擁核的人無須老抬南韓出來學習，無須老是說「南韓能，台灣為何不能？」

李憲錫在演講中揭發這項南韓人或阿拉伯聯合大公國人都清楚的事實，但國際間至今不太清楚，因此造成各國震撼，原本搞核電就必須不斷說謊，但南韓說的謊更大些！

此外，南韓誇口的「比日本安全一百倍以上」的核電技術也很可疑，是毫無根據的吹牛，跟台灣當局說台灣核電「比日本安全十倍以上」異曲同工，都在拚胡扯的倍數！事實上，從三一一福島核災發生之後，許多國家不是廢核，就是重新檢討對核電的看法，預期將新增的原子爐數大減，整個核電市場大為縮小，因此南韓想當核電出口大國的美夢顯然會落空。最重要的是，南韓根本不是以技術取勝，而是貼錢大奉送給阿拉伯聯合大公國，爲了製造奪得國際標的假象，不惜做賠本生意。三一一之後，世界各國對核電的了解也增進，都知道核電是很原始、落後的技術，成本超昂貴而用過燃料棒等高低階核廢料都沒去處，搞核電也不是進步的象徵，南韓想用核電振揚國威的美夢逐漸被刺破！

日本前首相菅直人發表廢核宣言，相對於此，鄰國南韓總統李明博卻說：「飛機失事發生機率雖低，但致死率高，但也不會因此就不搭飛機呀！」完全沒因爲三一一核災而改變他對核電的狂熱，甚至還說：「日本核災是會讓人類所嚮往的核電事業更進一步的發展」以及「核安將以福島核災爲契機而更上一層樓」，反而把福島核災當作南韓發展核電的機會，積極想以日本爲反面教材而加強推進核電，他的商人本色還滿驚人的，而且他在福島核災發生翌日的三月十二日就搭機飛往阿拉伯聯合大公國，去參加三一四南韓得標的核電廠的開工典禮。

但是這項開工典禮，南韓人已經完全不關心了，原因何在?

原本南韓在二〇〇九年十二月二十七日對阿拉伯聯合大公國出口核電得標時，南韓的電視台中斷正常節目，緊急插播李明博的記者會，其後媒體也不斷推出核電成功神話專題來歌頌，極盡吹捧之能事，國營的ＫＢＳ電視台還全程轉播核電廠得標紀念音樂會，甚至政府在得標一年後，頒贈勳章給有功者，並將十二月二十七日訂爲「核能節」，同時誇下海口表示到二〇三〇年爲止，要出口八十個原子爐，而且還是李明博自己發表，至少先成爲世界第三大核電國，再往第一大國邁進，這已成爲李明博誇示影響力的重要素材，李明博表示：「核電出口對南韓而言是強力的成長引擎！」

李明博以及擁核勢力還把反對出口核電人士稱爲「左翼不純勢力」，南韓原本稱一般的社會主義思想者爲「左傾」，稱「左翼」是讓人跟北韓聯想在一起，亦即把反對出口核電者戴上跟北韓掛鉤的帽子，此外也縱容右翼組織去攻擊對出口核電稍微表示疑慮的報社，民主因此大爲倒退。

但核電得標的消息，除了成功之外，只提到金額是四百億美元，但翌日阿拉伯聯合大公國的報紙頭條報導是二百億美元，跟南韓報紙頭條寫的四百億美元不同，這消息在網路上傳開，南韓政府只好修正爲二百億美元，最後南韓電力公司再度修正爲一八六億美元，而且這背後還有許多暗盤，南韓政府爲了演出得標成功，全部掩蓋下來。

李憲錫指出，核電得標的一八六億美元中的一百億美元，是由南韓進出口銀行提供給阿拉伯聯合大公國超低利率的二十八年貸款，這筆錢是南韓用高利率去外國調度來的。南韓的國際信用評等雖爲A，但比AA的阿拉伯聯合大公國還低，南韓是倒貼利息鉅額差損來製造出口成功的假象。此事被揭穿之後，南韓人民才發現出口核電原來是大賠錢貨，根本不可能賺到錢。

南韓爲了出口核電，不僅賠錢也還賠人，因爲二〇一〇年十一月南韓政府突然發布對阿拉伯聯合大公國派兵計畫，雖然強調是軍事協力的一環，但任誰看都是得標的暗盤之一，南韓國會不斷追究此事，政府只好承認是「商業目的的派兵」，亦即爲了核電而製造新概念派兵，而且急於在得標一年後的二〇一〇年十二月二十七日就派出先遣部隊。因爲此項得標的黑幕多多，在野黨展開調查，加上南韓一直沒調到鉅額的融資，核電廠的開工典禮不斷延期。

南韓雖然在阿拉伯聯合大公國花大錢宣傳南韓的核電技術，但至今尚未眞的得任何一個標，這也是李明博老遠跑去阿拉伯聯合大公國破土也沒人關心的原因。南韓現在又出奇策，想要提高自己爭取出口核電的可能，就是提煉再生核燃料。因爲可能提煉出鈽，可生產核彈，因此美韓之間有協定，規定南韓不得提煉，南韓現在想讓美國同意他們研發跟日本「文殊」一樣的高速衍生爐，並以此爲號召去海外推銷。但這種高速衍生爐，日本從一九六七年研究至今都沒成功，故障和事故連連，而且是用危險性極高的液態鈉來冷卻，稍有差錯，後果不堪設想。南韓現在才開始研發，就急於商用，打算配套大量出口，恐怖至極。

李明博因爲從三月阿拉伯聯合大公國的賠錢貨破土後，也很焦慮，因此在八月邀請印度總統帕蒂爾訪問，並與她簽署了一項核能協定，李明博對人民宣稱他有要求印度對南韓出口核電予以協助。南韓電力公司在二〇〇九年曾與印度核電公司簽署合作備忘錄，但其後並沒有進展，南韓高官表示這次算是政府之間的協定，整頓核電出口基礎了。印度現在有二十個原子爐在運轉，今後也打算增設，俄國、法國、美國都大舉進軍推銷，日本在災後也持續核能協定的談判。

南韓不僅想加強核電出口，也打算到二〇三〇年爲止，將國內現有的二十一個原子爐倍增爲四十個，打算到二〇二四年把對核電的依賴率提高至四八．五％，而且即使有三一一核災，南韓也絲毫不放慢擴大核電的政策，還自誇南韓技術「比日本安全一百倍以上」，但南韓人自己都怕怕，因爲南韓的核電廠也很接近人口眾多的釜山（三百四十萬人）等大都市，其中最糟糕的是古里核電廠，在十公里圈內有五萬人，三十公里圈內有三百二十萬人，頂多比台灣好一點，台灣是三十公里圈內有五百五十萬人。南韓人還擔心，政府在二〇〇八年把應該退役的古里核電廠一號機延役十年，危險性倍增，果然古里在二〇一一年四月十二日就因電路故障，停擺了好幾天。這還是因爲有福島核災，南韓人對政府的監督加強了，否則南韓核電廠大小事故不斷，很多至今沒公布。

南韓現在想增建原子爐，但居民都不歡迎這種會導致整個地方全滅的高危險玩意建在自己家的附近，因此要新選用地很不容易。於是新建的核電廠可能都會跟老核電廠擠在一起，那樣一來危險性又會大爲增加，一個爐出事可能會導致幾個爐都跟著出事，就像福島核一廠一樣。

南韓至今雖然也有反核運動，但大多數人都投入勞運和反美軍基地運動，直到三一一後，全國性的環保團體才逐漸將反核立場鮮明化，但一般而言，南韓的反核是以居民對自己家園被建核電廠的反彈爲主，如同台灣反核四最初也是貢寮人的反彈開始。

台灣最近有核電工程師以及原能會即將退休處長出來踢爆核四，但其實並不反核，只是南韓反核電的路程看來比台灣還遙遠，連內部告發都很少見。

台灣若廢核成功，可阻止日本的愚行

不管是南韓或日本，都是想把核電出口到有地震的亞洲國家，其實這種做法眞的只能用「造孽」兩個字形容。

日本即使發生福島核災，輻射塵四散，人及土地、海洋都遭受嚴重汙染，等於是自己滿臉皆屎狀態，還要去賣毒餅給人吃，尤其日本核電業者都是想順便把日本對東南亞各國提供的政府開發援助（簡稱ＯＤＡ）吃回來。

這也是日本財經界還不想放棄核電的很重要原因，因爲如果日本國內的核電廠運轉率太低，就欠缺對外出口的說服力。大前研一在核災發生前三個月，才剛斥責日本媒體對核電監督過嚴，讓運轉率只有六成實績，不利出口。

日本財經界想要出口核電，已經準備了好幾年，所以堅持不肯放棄，也不斷對二〇一一年九月上任的首相野田佳彥施壓，所以野田剛上任時雖然揭櫫「撤廢核能」的旗幟，而且明確表示「不新建、不延役」，但兩週後首次外國訪問，到聯合國初試外交啼聲時，卻不提在國內所說的廢核，只說「盡可能減少對核能的依賴」，表示準備把日本核電安全性提高至最高層次，打算繼續對各國提供技術與出口核電。在提高安全性方面，野田表明日本將設置「原能安全廳」，將核電行政管理業務從經產省分離出來。野田在聯合國的發言引起國內諸多反彈，而他還想在二〇一二年便讓目前停機的核電廠恢復運轉，以滿足財經界的要求，但經產大臣枝野幸男表示沒那麼簡單，不能輕言恢復運轉。

野田的這些發言都是爲了財經界想出口核電。前首相菅直人因爲要廢核，所以當時日本與土耳其等五國正在進行中的核電談判，因日本的核電政策不明朗而被迫中斷，於是財經界不斷對政府施壓，不顧有八成民意想要廢核。

日本在二〇一〇年底原本已跟越南達成核電協議，打算在越南興建兩個原子爐，業界不想放過這檔生意。長年積極推進核電的經產省在核災發生不到半年、收拾都還未見蹤影，便於八月初表示「爲了維持國際間信賴關係」，決定對已具體進行的案件進行談判。出口核電是日本在核災前的新成長策略，但是現在都發生核災了，日本產品要有說服力並不容易，而且越南本身也是地層脆弱、地震高風險的國家，其西北地區曾發生過多次六．八級地震，主要的城市地區對地殼移動和輕微震動非常敏感，發生毀滅性的九級大地震也不足爲奇，日本對這種地區出口核電，其實是很不應該。

另一個日本還有希望的是土耳其，也是地震大國，二〇一一年十月下旬才發生過芮氏規模七．二地震。其他日韓都在爭取的還有印尼、印度等，同樣都是有地震之虞的地方，也都不適合核電，但前往爭取生意的國家用盡各種手段去打通關節，想推銷會導致國破家亡的玩意。別的國家這樣做倒也罷了，日本自己因核災都站不穩，也加入這個行列，可見少數業者的利權居然能促使一個國家往如此不合理的途徑走去。

日本政府在宣傳出口核電時，都說「如果越南成功，將是日本第一個核電出口的例子」，完全不承認台灣的核四其實是日本至今唯一出口成功的一個原子爐、渦輪機，不知道是核四糟得讓日本不敢承認，還是日本不想強調跟台灣有核電上的合作關係以免刺激中國。

事實上，核電業界都知道台灣是日本唯一出口成功的對象國，如果台灣廢核，停建核四，或許也有阻止日本拚命想出口核電給地震國度愚行的作用。

第2章

用對的能源政策，扶持替代能源

軟庫的孫正義在震災後用十億日圓設立了「自然能源財團」，其中有位顧問是國際綠色和平自然能源部長史班．特思格，九月起在日本以德國經驗來建議日本，掀起自然能源革命，從環境技術也能領導世界。

這位專家認爲日本即使現在核電全部停掉，電力、經濟或就業機會都不需要操心，也能輕鬆達成減碳目標，從各種角度來看，廢核反而有利可圖。

特思格提出的自然能源革命是在二〇一二年就把核電全部停止，雖然電力未必會不足，現在日本是故意把天然氣火力發電廠的運轉率壓低，只要恢復到運轉能力的七～八成，就完全沒有問題，而逐漸用自然能源，尤其是太陽能與風力設備容量的擴充，就可減少對天然氣的依賴，到二〇二〇年天然氣發電就可以恢復爲現行比率。此外，自然能源的供應率到二〇二〇年可以達到四三%，到二〇五〇年達到八〇%，如果再加上其他的節能政策，完全不需要核電，而且到二〇二〇年爲止，排碳比九〇年代減少二五%。

自然能源是經濟成長的新動力

自然能源革命其實不僅讓電力夠用，也有相當的經濟效果及就業機會可以期待。雖然若按照當前的供需狀態，總投資額只有五億美元，幾乎只是維持現狀，創造出的就業機會有限，但若投資十億美元去發展自然能源，可以創造的就業機會是現在的四倍，尤其太陽能部分可以創造十七萬以上的就業機會。以德國爲例，因爲致力於自然能源，五年間創造出三十八萬個就業機會，而且不限於建設業或直接勞動者，連各種新領域的就業機會都大爲增加。

特思格指出，不管風力、太陽能、水力等，每個地區必然有適合自己的發電方式，每個地區都會因此有新產業誕生，他認爲，依賴核電的國家沒有未來，日本至今投入核電研發費與地方補助過多，應該把錢改用到自然能源，何況日本至今有許多領先世界的環境技術，但國家幾乎未加支持，而讓外國追上。如果日本想發展，還有領先的餘地，尤其遭遇核災的苦難會帶來動力，正如德國人所說的「貧窮帶來革新」，但需要的是政治決斷力。

特思格對日本的建言，其實也適用於台灣。

不只要有綠能產業，更要有綠能政策

台灣經濟部雖然以台灣的綠能產業爲傲，單單太陽能光電與ＬＥＤ兩大產業，到二〇一五年的產值就將接近兆元，目前以綠能爲主的新興產業產值約占五%，期許到二〇二〇年占台灣總產值的三成以上，國際間也看好台灣未來在綠能產業的發展。

像目前台灣ＬＥＤ照明市占率是全球第一，風力發電與太陽能光電也列全球前十名，綠色科技競爭力，台灣已經取得全球第六、亞洲第二的成績，顯示台灣綠能產業發展有成效，但**台灣沒有綠能政策，結果我們自傲的綠能產業只能淪爲他國綠能發展的代工而已，像德國國會的太陽能屋頂是台灣生產的，讓德國安心地通過廢核法案，但台灣的國會卻還在通過續建最危險的核四的預算**。

雖然自然能源在引進初期需要費用，也有維持費用，但在安保及經濟上意義重大，亦即自然能源不須靠進口，也不須參加石化燃料及鈾的爭奪戰，同時至今對外國採購的資金得以回到國內，一舉數得。馬總統在五月初接受日本《朝日新聞》採訪時說，台灣的進口能源占九九．四％，進口國幾乎都是無邦交國，意外承受力相對較弱，但核電的鈾也同樣是依賴進口，只有自然能源不須靠進口。

至今自然能源仍被認爲是昂貴的能源，但其實這已經是古早的事了，自然能源現在是成長率最高的大市場，二〇〇五至二〇一〇年間，全球風力發電的設備容量成長達二五五％，太陽能發電則超過一〇〇〇％，因此設置成本也不斷下降，更何況台灣自己有優秀的綠能產業。

許多國家都有合理的固定收購價格制度來推動自然能源，像德國二〇一〇年就引進了二百四十萬千瓦的太陽能發電，興建設備只要四週，發電力卻是比兩個原子爐還大。台灣要做也不是不可能，不需要等三年後恐怖核四灌燃料，讓無法收拾的風險來襲。

核電廠最大的問題是製造出大量放射性廢棄物，硬把負擔加給子孫，相對於此，自然能源是能給子孫「今後不會欠缺能源資源」的安心感。

阻礙台灣綠能在本地生根的不是產業技術，而是不合理的超低電費政策，綠能生根前需要相當的補貼，但台灣根本連補貼都談不到，就先面臨超低電費的障礙。長年以來，水電費都遭政治選票綁架，變成無法合理化的癥結，結果演變成每年台幣數百億元的稅金在補貼台電赤字，這是無厘頭的荒謬劇。

全世界沒幾個國家電費比台灣低，台灣的電費甚至比大陸便宜。台灣家庭用電每度二．七元，工業每度二．四元，爲全球倒數第四和第五。因爲電費過度便宜，台灣人用電不知不覺中被迫浪費，排碳量因此大增，最近十年增加了一倍，是世界平均的三倍。光是把電費稍微合理化，用電自然就會跟著合理化，得以達成大幅節能，這是最直接減碳的做法。不浪費電，要轉換為綠能也會更輕鬆，事實上有三分之二的人願意接受漲價，因此當局別再拿電費來當藉口而不發展綠能了，尤其維持核電只會更貴的。

自然能源可以達到穩定、價格合理

核電業者最愛說：「核電才是高品質、安定的電力，而自然能源如風力、太陽能等看天吃飯，很不穩定。」這是天大謊言。

這其實不過是量的問題，太陽能或風力發電等，只要大量設置，供電自然穩定，而品質也一樣，是送電線確保的問題，只要電力公司合作，完全沒問題。

核電的安全神話崩盤，雖然像日本現在大部分的人（原子能委員會有個調查顯示有九八%的人認為應廢核）都認為應該廢核，但如果想到要用什麼替代能源時，就會有所猶豫。替代能源當然有短期與長期的做法，基本上不管核電依賴率三成（日本）或一八%（台灣），沒有核電也完全不會缺電，但若擔心的話，短期內使用發電效率好、建廠快，而且蘊藏量較豐富的天然氣發電來取代，長期而言，逐漸全面轉換為自然發電。核電就像是一個腐敗無能又不斷肇事、會讓公司倒閉的課長，要取代課長，不必一下子就全面硬要優秀的小學生來，可以等小學生大學畢業，再讓自然能源全面取代，那樣也才公平。

擁核當局老是說台灣沒有資源，必須靠進口，所以非要核電不可，但核燃料難道不是進口的嗎？自然能源不需要靠進口，而且是免費、無限再生的，不會開帳單給政府或業者，當然也沒有回扣，這種在交易上也比較潔淨的能源，反而因爲過度乾淨而不受占有利權的人歡迎，像台灣便是用低電費制度以及課稅，阻擋個人或業者生產自然能源。

現在自然能源的發電力已經占全球總發電力的二五%，二〇〇九年供應了全世界電力的一八%，是超過核電的數字。在核電國裡，人民都錯以爲核電才是主流，其實世界潮流早就改變了，尤其德國與北歐的自然能源普及，稱爲「第四革命」，而有「供應力充分」的實感。

日本的自然能源中只有水力占八%，其餘只占一%，電力公司與日本政府爲了不讓自然能源普及，耍盡各種手段，讓日本人無法想像自然能源普及的未來藍圖，這種狀況跟台灣很像。

事實上，日本在太陽能發電和風力發電方面是有相當引進餘地的，雖然地熱發電比較有成效，而且技術也是全球最好，但會發生跟溫泉爭利的問題，有日本溫泉文化的特殊瓶頸存在。

二〇一一年春天，日本環境省發表的「引進自然能源潛力調查」顯示，即使不算住宅屋頂的發電，太陽能發電的潛力達一億五千萬千瓦，若連住宅屋頂也算，則達二億千瓦，等於二百個原子爐，而風力發電可達二億八千萬千瓦，海上風力更是十六億千瓦。

若眞要培養自然能源來取代，需要建立全量收購的制度，尤其得要求獨占的電力公司全買的義務，但日本過去長年執政的自民黨或大部分日本人民，對此制度都很陌生，人民是不敢妄想，而自民黨擔心自己的核電利權受影響，因此有政客和官僚在安倍政權時代還公然表示：「我們不需要太陽能！」後來遭到批判，才說：「太陽能ＯＫ，可是我們不全買！」雖然自然能源在日本看起來有進展，其實都在後退，這是電力公司和經產省擅長的手法，東電也曾在八〇年代時敷衍地在離島搞了兩座風力發電，然後說「不划算」，便把自然能源貼上「不管用」的標籤至今。

當然日本其實不只有太陽能，更有潛力的是風力發電，歐洲目前是以風力爲主，但風力發電在北海道以及東北等地很有潛力，在首都圈就比較困難，需要有送電系統來配合。要讓自然能源眞正在日本發展，其實必須做到發電、送電分開，打破既有電力公司的獨占系統，讓電力自由化。

自然能源如果大量引進設備，就不必擔心沒風、沒太陽會沒電，因爲這裡沒風，別處就會有風。而台灣尤其是太陽能發電，正好可以紓解最炎熱時尖峰的需要，平常就不需要只是爲了尖峰用電而發過多、過剩的電，那些浪費結果都轉嫁在人民身上，而且被搞核電的人當成藉口。

改善傳統發電效能，不必回頭用核電

天然氣發電的效率已經改善非常多，發電效率是核電的兩倍，而且建廠時間短，本身就比核電有時效，排碳總量也不會超過核電的眞正總量。擁核的人最愛說：「你不用核電，那你回頭去擁抱燃煤好了！多少人因爲汙染受苦受難，你忍心嗎？」大抵最初搞核電的人都跟搞核武同一批人，原本就沒多看重人的生命，核電廠放出多少輻射汙染，剝奪人的健康與生命，他們也沒在乎過，而且也未必眞的在乎燃煤的排碳問題。

事實上燃煤很有機會改善發電效率及加強過濾，來減少排碳及汙染，只要拿補貼核電的百分之一來改善就綽綽有餘了！擁抱燃煤也不需走回頭路的。

燃煤發電，因爲是用煤炭，所以排碳最多，另外還排出許多氮氧化合物與有機硫化物，一直被認爲是不好的發電法。不過，煤炭不僅蘊藏量最大，在地球上的分布也很平均，像日本、台灣等資源小國都有大量煤礦。

日本對燃煤發電的研究改良一向冠於世界，它的發電效率至今明顯領先其他國家，因此日本的燃煤發電其實一直在增加，約占日本發電量的二五%。另外，日本也把氮氧化合物與有機硫化物處理得非常徹底，從發電廠的煙囪幾乎看不出有色的排煙。

現在日本燃煤發電的主要技術是蒸汽的高溫高壓化，因蒸汽的高溫高壓可以提高發電效率，最新的燃燒爐可達到攝氏六百度，氣壓二十五MPa（兆帕），發電效率四二％，雖不如新型天然氣發電的六〇％，但比核電的三〇％還高。

若只靠單純的燃煤，今後無法有很大的突破。現在日本在研究的是「煤炭氣化複合發電」（IGCC），目標是達到五〇％的熱效率。其過程和「新型天然氣複合發電」（GTCC）一樣，把推動渦輪機後剩下的熱量再拿去發電，估計可達五〇％的發電效率。碳與其他汙染物質的排出量也能相對減低。

這個發電方法還有幾個優點，第一是可燃煤礦增加，第二是燃燒廢渣不僅體積可減半，而且是玻璃狀結晶，增加再利用的可能性，但「煤炭氣化複合發電」方式的發電廠要商轉，估計還需數年的時間。

此外，把「煤炭氣化複合發電」再進一步，加上燃料電池的三頭發電方式IGFC，估計可達到五五％的發電效率，也在並行研究中。日本還積極開發把二氧化碳直接回收的「CCS」技術，目標是在二〇二〇年代達成一噸二千日圓以下的處理費。日本在燃煤發電上已經有領先世界的技術，再接再厲讓它盡可能達成低汙染，是當前的一大目標，如果普及的話，燃煤發電也能現代化。

推動電力地產地消

這次飽受核災之苦的福島縣，知事佐藤雄平原本是擁核聞名的知事，但福島縣現在逐漸空洞化，因此他認爲，讓遠在二百五十公里外的福島發電來供應東京，這種扭曲的供電模式應該要改善，福島應該擺脫核電。他也接受福島復興藍圖檢討委員會的建議，認爲每個地區所使用的電力應該是由該地區自己供給，亦即電力應該「地產地消」，才比較合理。

像現在日本東北災區要復興，東北有世界數一數二的森林資源，風力、太陽能和地熱都很豐富，如果地方用的能源是自己在地生產，則最爲理想。像東北家庭的電費平均每年約爲三十萬日圓，一個兩千戶的小鄉鎮就有六億日圓，至今這筆錢都是繳給在大都會的電力公司。但如果使用自然能源，而且能自給自足的話，當地生產、當地消費，這六億日圓就會在地方循環，不會遭到區域外的大電力公司剝削。

第3章

聰明用能源，省電創商機

長年推行減碳的前東大校長、現任三菱財團綜合研究所理事長小宮山宏認爲，現在所有電器設備都是高效率、省電的，電的總消耗量會減少，只要多加改善，像是家庭多用ＬＥＤ、熱泵熱水機（heat pump）的冷熱雙效系統，屋頂都裝太陽能板。雖然目前日本的太陽能發電價格還不便宜，但小宮山指出這是因爲日本廠家想把長年研發的錢賺回來，不肯降價，因此價格是韓國的四倍，如果用戶大量採用，價格自然會降低，而且是眞正安全、乾淨的能源。

電力是很聰明的能源，應該讓電力去做高級精密的工作，加熱等粗活則可以讓其他能源來替代，因此連做飯、燒洗澡水都用電的全電化住宅是落後而非先進的想法。日本在福島災後，各界都體認到全電化的荒謬，其實就是電力公司發電過剩，想強迫推銷用電而推出的玩意。結果，東京瓦斯公司因爲不再需要去對抗電力公司，全電化宣傳的三百多名約聘人員被解雇了。

長年推行減碳的小宮山說，讓各種能源分擔它們最適當的角色，才是廿一世紀人類的快適省電法。他認爲，用電量會不斷增加是廿世紀的老舊想法。如果總消費電量得以大幅減少，問題就簡單多了，即使核電安全神話崩潰，也不需要恐慌，人類可以努力的方向還非常多！

省電的可能性無限大

三一一之後，在日本最深刻體會到的就是比起每天憂慮要買什麼低輻射汙染食物，省電本身很快活、容易。以前雖然流行過究極省錢過日子的風潮，但對於那些稍微有點收入的人而言沒意義，而現在省電卻是對每個人都有意義，因爲省電才是眞正究極的節能減碳，不但能省錢，最主要是可以讓需要用電的地方有電可用，電力公司才可以不發電過剩，人民可以拒絕核電。過去是都市人用電，讓住在窮鄉僻壤的人承擔核災的後果，但事實上都市人也必須一起承擔輻射汙染，吃那些從汙染土壤和海洋收穫的食材，因此許多人都覺得快活省電法應該更普及。

台灣更是如此。台灣的電費是日本的三分之一，跟南韓一樣都是用低電費來強迫推銷，而當成搞核電的藉口，有些高官浪費用電的程度更是令人難以想像。浪費電是很野蠻的行爲，過去，星級飯店習慣在夏天把冷氣溫度設在二十度，演出高級感，在未來新的價值觀下，大家都會覺得那是低級的。這樣的社會，自然所有的人都會奮起對核電說不的！

善用省電趨勢，創造新商機

省電本身不是壞事，而且若能因此不需要核電廠的話，日本個人和企業都樂意配合，像日本汽車廠家鈴木的總公司就位在最危險的濱岡核電廠附近，董事長鈴木修表示：「爲了員工以及家族的安全，我支持濱岡核電廠停機，中部電力不會沒電可用！而且要省電很容易，就從日本人的服裝革命開始吧！不要夏天還穿西裝打領帶！」

省電是眞正省能，非常環保，而且也改變了日本人至今的工作型態，像是許多區公所或省廳的職員都規定改穿便服而禁止穿西裝，辦公室的空調溫度設定在二十八度，甚至二十九度，有的公家機關全部改穿花花綠綠的夏威夷衫上班，讓上門洽公的市民覺得親切多了。一般企業員工即使在外跑業務的還是只好穿西裝，但都會穿新上市的超清涼材質的西裝。以前每年夏天，西裝或女性服飾的變化都是以設計為主，但現在則是更重視材質。

現在許多企業為了節電而提早一小時上班，甚至規定員工不准加班，過去留在辦公室幾小時散漫地整理公文書信的時間改在清晨進行，反而更有效率，而且可以準時在五點下班，這些就跟不穿西裝一樣，是日本企業社會文明空前的革命性變化，日本人的工作方式與人生觀可能因此改變，可以期待新的商機，像是逐漸式微的百貨公司或許會開始出現有閒的上班族來光顧了。

日本許多企業和服務業都發現，要省電二五％不是那麼困難。當電力公司要求大戶用電業者要省電一五％，汽車產業卻宣布自己有能力省二五％，甚至連遭批評用電過多的小鋼珠業者也都強調可以省電二五％以上，至於耗電多而屢遭詬病的自動販賣機，業者也透過各種手段，如輪流停止冷卻或預冷而在用電尖峰時間停止冷卻等，可以省電三成以上。便利商店現在也都把招牌改成ＬＥＤ了。

日本人因為想省電而改變許多概念。家用的省電冷氣和省電冰箱都大為暢銷，舒適而省電的電扇相繼問世，省電主婦也出盡鋒頭，隨時可以監測用電量的家用儀器正流行，而且家人為了省電而更常在同一個空間裡相處，可以促進溝通，或許不久後出生率也會因此提高。省電之夏的經驗並不差，而且人們因為要省電而對高溫中暑相當有警覺，因此二〇一一年因為中暑而送醫或死亡人數反而比二〇一〇年大為減少。省電好處多多，更重要的是不要因爲浪費而給核電業者恢復運轉的藉口，因爲核災太慘了，日本人民也都認爲很划不來。

結語

台灣要有記取教訓的能力

八月中旬我到京都旅行了幾天，京都人從四月起就爲了八月十六日的大文字祭，要燒岩手災區的松木來超渡災民而爭議不斷，雖一度答應，但測出松木含銫，輻射汙染高度超標，最後只好放棄。爲此，京都超市的福島小黃瓜一根從一百日圓暴跌至十日圓，令人不忍，但連薪柴都超標，入口的食材更令人覺得恐怖，這無法怪誰。

現在日本北從岩手、南到靜岡，許多食品的輻射汙染都超標。不僅福島，連埼玉和千葉等關東地區的兒童驗尿都含銫，而許多關西人抱怨輻射牛、輻射奶流入關西，讓關西人的壽命也一起降低。但現在抱怨誰都沒用，日本沒從車諾比核災記取教訓，不斷製造核電炸彈炸自己，釀出比車諾比規模更大的核災！

現在，福島核一廠的三個爐心都熔出原子爐了，下落不明，四處發生核反應，還在釋放大量的輻射物質。令人想到台灣的核一、核二廠燃料池超級爆滿，囤積著全世界最高密度的用過燃料棒，這當然也會發生核反應。

二十三萬顆廣島原子彈的輻射死灰在台灣

這些用過核燃料的量非常驚人，如果從核分裂的生成物來計算，即使台灣現在立刻廢核，至今也已經製造了相當於二十三萬顆廣島原子彈的核分裂生成物的輻射物質，換算下來，等於台灣每一百人就分到一顆！如此棘手的問題，擁核人士卻故意視而不見，迴避不提，而且還想繼續搞核電，不斷燃燒核燃料，製造大量致死的死灰，瘋狂到極點。

我於十月中旬到京都大學原子爐實驗所，訪問當前日本最受尊敬的原子爐學者小出裕章，他告訴我，日本即使現在廢核，也已經製造了相當於一百二十萬顆廣島原子彈的核分裂生成物的輻射物質，而且這還只是單純用鈾二三五的分量來計算。廣島原子彈爆炸時，燃燒的鈾二三五是八百公克，亦即只是單手就拿得動的鈾二三五，便足以讓整個廣島全毀，而現在一座發電一百萬千瓦的原子爐運轉一天，便燃燒掉廣島原子彈三、四倍的鈾，每天生產三公斤的死灰。

小出裕章指出，原子爐只要運轉一年，就積存了相當於一多千顆原子彈的核分裂生成物，日本有五十四座爐，等於一年共製造五萬多顆，而日本核電廠是從一九六八年開始運轉的，至今超過四十年，即使明天就廢核，也至少已經積存了一百二十萬顆原子彈分量的死灰。人類還沒有能力來消除這些核分裂生成的死灰，它們的半衰期有長有短，毒性強的要一百萬年才會衰減，日本有一億三千萬人口，幾乎每一百人就分到一顆棘手的廣島原子彈的輻射物質。

台灣現在共有六座原子爐，三座核電廠分別運轉了三十二年、三十年、二十七年，依此推算，**即使明天廢核，也已經製造了二十三萬顆廣島原子彈爆炸所生成的輻射物質，更是每一百人就分到一顆這種劇毒物**。然而核電當局卻不當一回事，繼續爲利權而玩核電，賠上台灣全島居民的生命安全與未來百萬年的環境，這種道理說不通。

核電廠的許多「零事故」說法，其實都只是因爲沒有申報事故而已，最可怕的是強行運轉效率或在核電業界的排行，許多是建立在未依法按期定檢等恐怖的行爲上，都是不顧人民死活製造出來的，台電還有人敢拿來自豪，沒有記取教訓的能力。核電的存廢事關台灣全島滅絕的存亡問題，不能容許台電自己來決定！

錯誤的政策必須被捨棄

在九月的亞洲非核論壇中，各國代表質疑：「日本自己經歷了這麼嚴重的福島核災，至今失控，爲何還沒發表廢核宣言呢？」這不足爲奇，擁核的政府當局和業者都還想繼續使用核電，理由是「既然存在，不用白不用」，但這樣行嗎？軟庫社長孫正義表示：「沒有企業會這樣經營的，明知一不小心或什麼因素就會導致企業全毀，誰也不會去做這種承擔不起的高風險生意！」

日本人民有七成都認爲核電不能再搞了，事實上目前日本只剩三成核電廠在運轉，用電也不成問題，若不恢復運轉的話，到明年就會因定檢而全告停止。現在許多知事不想讓家鄉重蹈「福島喪失」的覆轍，不肯輕易答應核電廠恢復運轉，即使日本政府爲此制訂新的安全檢查規則，但新潟知事就很氣憤地說：「這不過是自我安慰罷了！完全沒把核災要素反映在新規則上！」核電廠要恢復運轉越來越難。

經團連、經濟同友會等財經界組織都有點慌，開始批判前首相菅直人的非核聲明，還拿企業出走來威脅，讓日本人領悟這些賺盡大錢的企業集團還會恐嚇政府，而且操縱主管當局來制訂有利於己的法律。大企業要建立在政府用稅金補貼的昂貴核電上，道理說不通，而事實上核電已經闖大禍了，導致幾十萬人無法重返家園，占日本三%版圖的福島遭輻射汙染而全毀了。

孫正義批判財經界還想用核電只是一種惰性，台電也是一樣，核電廠在那裡，沒出事的話不用白不用，好比有人去扒東西，只要沒被逮到，就繼續扒，明知道被逮就會判死刑，正常人還會繼續扒嗎？日本財經界還想繼續扒，是否認爲即使要判死刑，死的也不是自己？就如同核電代言人的經濟評論家勝間和代說的「認爲輻射物質危險很奇怪」「不過是小孩子罹患甲狀腺癌而已！」

核災很可能相繼發生，核災不會因爲福島核災發生，其他核電廠就免疫。尤其台灣核電廠的危險度名列前茅，再這樣抱持不用白不用的姑且做法，後果不堪設想。

最近核四無法保證安全的本質遭踢爆，台電的回應是「不建核四，每度電要漲一毛錢」。姑且不論核電成本才是最昂貴的，即使如台電估算，不建核四則每個家庭每月要多付四十幾元電費，但有了核四台灣人卻必須承擔全滅的風險，台電認爲台灣人的身家與未來只值四十幾元嗎？怪不得全球擁核人士現在都不敢說核電便宜，只有台電還敢說核電便宜！

即使核災已讓日本極端走樣，日本財經界卻爲了出口核電給地震大國如印度、印尼，還想維持核電廠的運轉，只能說是造孽無過於此。此外，一些名人如八十七歲的吉本隆明（吉本芭娜娜的父親）和五十一歲的石田衣良，還在主張人類無法放棄核電這種便利玩意。證諸歷史，只要是人類想放棄的事物就能放棄的，過去人類也曾放棄便利的奴隸制度，連西班牙都可以放棄六百年的鬥牛傳統，區區核電怎會無法放棄，這些人的文明論都讀到背上去了！

當前政府應該做的十件事

1.**核四不續建**。像台灣核四如此的大拼裝貨，世界僅見，尚未啓用就已成爲國際聞名危爐，一旦灌入核燃料，不但可能瞬間釀成大核災，即使沒核災，廢爐得付出造爐的兩倍代價，應立即停建。

2.**核一、核二、核三廠應盡快停機廢爐，台灣人才不必每天都跟全球最危險的核電廠比鄰而居**。位處地震地帶的這三座耐震係數超低的核電廠，隨時都可能成爲下一個核災的發生地。老核電廠即使沒核災，平時也放出低劑量的輻射汙染，造成台灣人致癌率在亞洲名列前茅。廢核是維持台灣人的基本生存權而已，是當務之急，我們只有這一個島，我們無處可逃，人民只要認識台灣核電廠的危險度，就不會因爲政治認同而對核電問題停止思考，政府也應全力廢核，不可將人民的生命健康及身家財產當賭注。

3.**以廢核爲前提，興建濕式的中繼核燃料儲存池**。台灣地窄人稠，不適合用乾式。台灣三座核電廠原子爐上方的燃料冷卻池，擠著全世界密度最高的用過燃料棒，不僅原子爐或配管等本身是全球最危險的，燃料池也是全世界最危險的，必須紓解這種讓台灣人腳上綁著幾千顆核彈的狀態。長久之計是必須尋找板塊幾十億年都很穩定的地區，作爲使用後燃料棒的永久儲存地，這是核電當局必須負責到底的事，不能留下一屁股債給人民及後世子孫，自己退休或辭職就了事。

4.**廢核之前，關於核電的所有資訊必須完全透明化**，無論動態（日常大小事故、歲修延後、持續運轉時日等）、靜態（核島工程、地質調查報告、核電工作人員就業狀態等）。

5.關於輻射汙染受害，因爲發生源大致都跟核電、核研機構有關，應該由政府確立保障國民醫療與賠償的制度，維護國民基本生活安全。

6.廢核之前，要確保核電廠及核能設施附近居民的基本安全。現在對核電廠附近的居民而言，等於是搭著一條沒有救生圈的危船，非常恐怖。政府應擴大避難圈的準備，八公里當然不夠，設定核災不應是過小規模的；而且要有確實的準備，例如發給碘片❶、修整必要逃生道路，以及隨時能調度大量巴士，準備好避難所、避難用棉被、衣物，以及儲備大量飲用水、食糧等。

7.中低階核廢料也必須做最高度的完善處理，不能隨便將高放射性廢棄物混合處理。尤其是燃燒低放射性廢棄物的減容中心的濾網等設備是否符合基準，不會將輻射擴散傷害附近居民，因爲燃燒輻射物質是最嚴重的擴散。

8.電費合理化，政府應調整電費，不再用低電費強迫推銷用電，造成個人及廠家的浪費，以及變成產業不升級的根源，而且排碳不斷增加。事實上電費的虧損是用稅金來補貼，台電經營責任不明，又拿到藉口繼續搞最昂貴、最危險的核電，維持專業獨裁與利權，發電過剩。如果電費合理化，則馬上能促使民眾省電相當比例，也會積極更換省電節能的電器，如LED燈泡等，並能加強民間生產綠能的意願。

9.全力開發自然能源，短期內雖必須以天然氣發電過渡，長期應確立讓綠能生根的稅制優待，以及固定收購價格制度。

10.關於輻射汙染風險，不應只取國際輻射防護委員會等以擁護核電存在的團體的寬鬆說法為基準，也應引進曾經歷核災的歐洲，如歐洲輻射風險委員會等組織的基準，確保國民基本的健康生命安全。

注釋：

❶碘片屬於指示藥品，在使用上有其禁忌與副作用（如皮膚疹、唾液腺腫大、嘴巴有燒灼感、感冒樣症狀）等風險。盲目的服用碘片，可能反而增加甲狀腺機能亢進的危險。（資料來源：台大醫院輻射防護管理委員會〈防輻知識小百科〉）

附錄

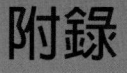

小出裕章：台灣核四若發生核災，將有七百萬人致癌死亡

問：你在福島核災發生後，隨即指出福島核一廠的圍阻體已遭破壞，也早在二〇一一年七月就指出，三個原子爐的爐心下落不明，相當絕望，也道破東電及日本政府所公布的收拾核災日程表，或核災擔當大臣細野豪志在國際原子能總署宣布「日本將提前在二〇一一年內達成低溫安定」沒有意義。你認爲福島核一廠要到何時才能收拾完畢？

答：我無法判斷，因爲沒有正確的資訊，政府公布的資訊不正確。東電和政府的收拾日程表是在四月十七日做的，當時是以爐心還有一半的水爲根據而訂的，但現在事實上三個爐心都熔毀、熔穿、熔出，不在爐裡，這種情況下測量加壓容器的溫度沒有意

義，當然是在一百度以下。原本「低溫安定」是指爐心核燃料還在爐裡的狀態，現在連二、三號爐的機房都還是輻射劑量高得無法接近，大概東電或政府也不知道要如何收拾，因爲無法取出燃料，就用這樣的說法，想讓國際及日本人民安心。

核燃料熔毀、熔穿、熔出，還會持續發熱，至少還有一年不容鬆懈，而且即使未來輻射能沒在大氣中放出，也會汙染環境，因此在地下不能不做一個深二、三十公尺的大水牆來阻擋汙染，核電廠周邊也該做深三公尺或五公尺的地下藩籬加以隔絕，才不會汙染地下水，而福島核一廠的四個爐，最後也得用石棺來掩蓋，防止輻射物質繼續擴散。

輻射汙染重創日本

問：從現況來看，你覺得福島核災對日本的全般影響如何？

答：車諾比核災時是遠在一千三百公里之外的居民健康也受害，而現在其實福島縣及櫪木縣北部、群馬縣北部，乃至埼玉縣等地區，都遭到嚴重汙染，所謂的「輻射管制區域」都比這些地區還乾淨，按理一平方公尺超過四萬貝克（銫）的，應該必須是無人的輻射管制區域，依法當地的東西如瓦礫等廢棄物，全部不能拿出來的，但現在政府不顧法律規定，還讓人居住，尤其如福島市、郡山市等，都是高輻射劑量的熱場，今後至少會有數十萬人致癌、死亡，但是這必須長期追蹤，否則要證明因果關係不容易。政府其實並不認眞追蹤，不打算認帳，眞想讓這些政府高層都去坐牢。

這些汙染地區的一次產業的畜、農、漁業等，都受到嚴重打擊，其實是以幾十兆、幾百兆日圓爲單位的受害程度，但政府或東電還不想去面對。這些地方的土地是等幾十年也無法恢復的，無法安住或耕種的，發生核災便等於半永久地失去了這些土地，許多人的家園因此被剝奪。

問：現在日本政府想要除卻輻射汙染，可能嗎？會有效嗎？

答：除卻輻射汙染，其實是不可能的，因爲輻射物質不會消失、無法除去的，只是把輻射物質從這裡移動到那裡而已。大家用高壓水沖道路、房屋旁，只是把輻射物質沖到水溝去而已。有人主張把土地削掉幾公分，但失去表土的土壤等於死掉的土壤，而且大多是山林，無法除汙，若要除，不僅福島等地，連千葉縣等測到一平方公尺三萬至六萬貝克的區域也得除汙。若還要讓人居住，只好優先對學校操場及幼稚園園庭除汙，盡量減少兒童被曝。

地震國家的核電廠都很危險

問：你覺得除了被說最危險的濱岡核電廠之外，還有哪些核電廠是非常危險的？

答：我至今也認爲濱岡核電廠是最危險的，但結果核災發生在福島，我的預測沒中，但這才叫做事故，就是不知道會在哪裡發生意外。建在地震國度的核電廠全都很危險，但事實上即使沒有地震、海嘯，核電廠也可能發生意外的。這次覺得問題出在海嘯，拚命去建堤防來防海嘯，下次可能就在別處出事。沒地震也可能出事的，機器或人爲疏失都會出事的。

問：核電廠的設計是否考慮到地震等地質因素？

答：核電廠原本就不是爲了斷層等而設計的，核電至今是歐美推進的，你看美國核電廠的一百座原子爐都建在地層較穩定的東海岸，而迴避多地震的西海岸，而有一百五十個原子爐的歐洲則地盤非常穩固，幾乎沒有地震。但日本是地震大國，在地震帶上大建核電廠的就是日本，建了五十七個原子爐，國際原子能總署卻不過問。

核四若災變，三分之一台灣人致癌

問：你曾研究、推算過台灣核四若發生核災的狀況，結果如何？

答：我在二〇〇一年曾發表過相關論文，運用我已故學長瀨尾健的模式推算，假定核四廠的爐心熔毀、圍阻體受損而輻射外洩時（氣象條件假定西風、風速每秒兩公尺，大氣安定度D型），結果是急性死亡三萬人，其後致癌死亡達七百萬人，約台灣人口的三分之一，人數多得驚人，主要是因爲核四附近人口密集，推算當時四十公里圈內有二百六十萬人。雖然避難未必有效，但爲了避免急性死亡，也只好逃。從車諾比核災可以看出，要短期內讓大量居民疏散避難非常困難，若是廣大面積受汙染的話，則更嚴重。像台灣如此國土狹小的國家，要長期避難幾乎是絕望的。

台灣核四是採用ABWR（改良式沸水式反應爐），這種原子爐冷卻水再循環採用爐內泵（internal pump）方式，連結部位是重大弱點，最耐不住地震，非常恐怖。

雖然老朽爐如福島核一廠出事的可能性大，但新爐也有高風險。一九七九年三浬島核電廠的原子爐才啓用三個月就出事，而車諾比核電廠爆掉的四號爐也才用了兩年而已。台灣不僅核一、核二、核三廠危險，核四也很危險。

反核尚未成功

問：你身爲原子爐專家，反核四十年，因此成了萬年助教，你跟你的研究夥伴因此被稱爲「熊取六人幫」（熊取爲京大原子爐所在地），官途坎坷，現在你因反抗的風骨而成爲年輕人的偶像，但你有沒有後悔過？

答：我沒有後悔，因爲核電本身不但危險，而且是嚴重的歧視，都是把核電負擔硬加在窮鄉僻壤，而且核電最糟糕的還有一百萬年無法解決的核廢料問題，尤其燃燒過燃料棒的劇毒是燃燒前的一億倍。即使現在核電全廢，也還有至今製造出來的核分裂生成物的輻射物質，在日本人眼前的就有一百二十萬顆廣島原子彈的分量，這要留給我們的孩子、孫子，以及他們的孩子、孫子，我們現在就已經製造出讓後世一百萬年都不能不背負的毒物了。

核分裂生成物的冷卻需要一百萬年，美國歷史也才二三五年，日本即使從神話中第一代天皇的神武天皇算起，也不過二千六百七十年。一百萬年前，關西的六甲山還在海底呢！日本找不到什麼地方可以安心擺放核廢料，反核是非常明確而無可懷疑的價值，但唯一遺憾的是，我從日本只有三個爐時開始反核，反到現在有五十七個爐，而且未能阻止如此毀滅性的核災發生，這是最感悔恨與力不從心的地方。

我沒升官，其實並沒遭迫害，是我無所求，我不喜歡被人命令，也不喜歡命令人，在京大的熊取，我能做自己喜歡的研究，不需要扭曲自己，而做有獨創性的工作是很幸福的，我們六人中雖也有人升到副教授，但沒人當上教授，因反核而沒研究費，但沒錢就做沒錢的基礎研究，收入雖少，但不會沒錢吃飯。我們這行中，有不少人公開表示擔心丟掉職位而必須改變立場。

現在不是乖乖聽政府話的時候

問：你覺得日本發生這麼大的核災，爲何還會想要讓停機的核電廠恢復運轉或出口核電？

答：只能說日本人都很笨吧！因爲日本人有所謂「御上意識」，就是什麼都相信上頭的人，只要是國家決定的事都有壓倒性的力量，人民都覺得國家做的事錯不了。核電在日本一直是國策民營，人民也相信政府及電力公司宣傳的核安神話。

日本即使沒核電，用電也完全沒問題，但因爲：（一）電力公司是獨占事業，電費結構是成本越高反而越賺錢，搞核電最貴所以最賺錢；（二）生產原子爐的三菱、東芝、日立等大企業，與其周邊的「原子力村」居民的政客、官僚、地方自治體、相關企業等，形成瓜分核電利權的結構，無法放手；（三）核電=開發核武，日本政府想維持隨時能生產核武的狀態，不會因爲「不過如此的核災」而變更；（四）許多地方自治體的財政完全依賴各種核電補助，加上就業問題而不得不同意核電廠恢復運轉。以上除了第四點還有同情餘地外，其他根本不成理由。

問：你覺得日本有希望走向廢核之路嗎？

答：日本過去在自民黨執政時代長年推進核電，後來雖然換了民主黨，也沒有什麼改變，而雖然現在民調顯示有七、八成人民都想廢核，但人民的關心可能逐漸風化、稀薄化，無法掉以輕心，我並不是那麼樂觀的。

劉黎兒的三一一核災逃難記

三一一下午兩點四十六分發生大地震，那天傍晚我接受台灣幾個媒體採訪，描述自己的搖晃如雲霄飛車般的感受，以及日本人井然有序的避難發動體制等，當時還不了解這個史上最大規模的一次震災、海嘯以及核災，不過都順便表示「宮城到福島、茨城是日本在福井縣以外的另一核電銀座，希望不會因此有什麼其他災害！」當時我輕描淡寫說過，採訪我的人也沒注意，因爲我也不知道核災已經發生了，而且是史上最嚴重的核災，那以後我們全家還爲此逃難，並因此改變了我的人生。

家裡有十一歲就趴在清華大學實用原子爐上窺看過爐心，而其後大量閱讀核電相關書籍的丈夫王銘琬，以及二十六歲在讀物理學博士的大兒子，他們兩人十一日當天都各被困在外地以及大學研究室裡，當夜無法回家，但十二日清晨回家後，全家的關心焦點開始在叫急失控的福島核一廠幾個原子爐上，當時也還不知道燃料冷卻池也出問題。

恐怖的開始是十二日下午三點三十六分左右，我跟王銘琬同時眼睜睜在日本各電視上觀看到核電廠一號爐發生爆炸與冒出白煙，但日本政府卻一直不承認，甚至還指責此時不能散布謠言，直到晚上六點三十分才將避難範圍重新從十公里擴大爲二十公里，而到八點半，才承認一號機有氫爆。

這五小時的空白，讓我們以及許多日本人對日本政府的發表開始無法相信起來，而且那以後的發表也直在叫二號機、三號機的冷卻機能都喪失，十二日整夜我都睡不著，不斷盯著電視轉播，但毫無進展，從日本政府經產省監督核電的保安院官員、原安會、東電、學者專家的發言，就知道搞核電的人其實對核電了解很少，對策也很少、很原始，這才令人不安。

十三日，日本政府宣布二號機、三號機都無法冷卻而開始釋放蒸汽，到了中午，三號機燃料棒上部已經露出水面許多，讓人覺得越來越恐怖。不過直到兩個多月後才知道，其實三個爐都在地震後幾個小時早就爐心熔毀、熔穿、熔出了，或許政府和東電等也都不知道，或許稍微知道但也只敢做最樂觀發表。

王銘琬現在常說：「如果知道那時已經爐心熔毀、熔穿的話，早就在十二日逃難了，因爲擔心會發生水蒸汽爆炸，從車諾比事件就知道，當初還派了敢死隊去開水栓，把水都放掉，就是擔心水蒸汽爆炸，如果爆炸則連基輔三百萬居民都會受災！」

十三日晚上，一家四口吃晚飯時也是討論核災最新狀況，王銘琬對於一直失控的狀態很悲觀，我也很傷心，覺得自己耗費人生最多力量來觀察的日本怎麼會變成這樣，也告訴孩子們或許最後都不得不離開日本。大兒子基於自己的專業也不樂觀，他持續在發出分析快訊給朋友，以及參加的非政府組織的成員。

但去年大學入學考試失敗浪了一年、兩個月前剛考上第一志願的小兒子，則很悲痛地哭說：「我就是在日本出生、長大的，我很喜歡日本，你們不要因爲一個核災就把日本說成這樣！我還不想離開日本！」當然，對他而言，如錦繡般的日子在等著他，他更無法接受如此晴天霹靂的變化。大兒子雖然也在日本出生、長大，但曾去外國短期留學或單獨一人長期海外旅行過，比較沒有這麼劇烈的反應。

家庭會議中，王銘琬和大兒子決定如果出現 α 射線（亦即散發出比鈾的原子序列大的元素，如鈽等），就一定要逃難。十三日夜裡也是一夜難以入眠，但各界的發表除了冷卻失敗，沒有進展。

家裡有人誰先去睡一下覺，隔不久就會起床，第一句都是問：「怎麼樣了？」整個狀況令人憂心忡忡，而且每次打開電視都擔心核電事故處理惡化，對心臟很不好。

十四日上午十一點，連三號機也發生了爆炸，雖然日本政府只發表這是氫爆，但從爆炸影像來看，明明還發出黑煙。現在許多專家以及歐洲輻射風險委員會都認爲那是三號燃料池也因氫爆而爆炸了，才會後來測到有鈽，但當時什麼都不知道，非常不安。

十三日夜裡東電突然宣布，從十四日起開始計畫停電，十四日起東京等地電車停開、少開的很多，造成首都圈恐慌狀態，而開始囤積物品的人增加，超市也有些東西買不到。我們家雖然都是自由業，不須硬擠那有限的幾班電車，但整個城市鬱悶的氣氛相當濃厚，東京人面對這樣的混亂相當沉靜，但表情沉重到有點恐怖。

十四日晚上家庭會議，決定如果要逃難，則往關西疏散。因爲沒有要逃到外國去，小兒子也贊成，我主張到我最愛的京都，但小兒子喜歡熱鬧的大阪，而且去大阪的話，萬一要從那裡轉出到別的國家，也比較容易，因此確定是大阪。晚飯後，我去買了點米、水、泡麵、根莖類蔬菜等回家儲存，但手電筒、電池等都已經買不到。

十四日夜裡，政府承認，十一點多二號爐爐內壓力升高，而且燃料棒全部露出，情況越來越緊急。

大兒子開始做些避難行李的準備，他給全家每人做了一份避難須知，如攜帶物清單，以及各航空公司預約電話一覽表，以及全家人照片、獨照等，看到照片，我眼眶都濕了，難道會真的像戰亂般流離失散而找不到最親愛的家人嗎？不過無法多想，要逃難的話，還有許多準備動作，我開始上網去訂房間等。

十五日上午，二號爐再度釋放蒸汽，清晨六點多，四號機的核島也發生大爆炸，四號機因爲在定期檢查中，燃料棒都在燃料池裡，爆炸非常恐怖，但日本政府發表是氫爆。

東京也因爲測到高濃度的輻射塵，電視上呼籲大家盡量不要外出，即使外出，出門時要戴帽子、口罩、圍巾、手套，全身各部位最好都不要露出，而且回家後也要馬上把穿過的衣服全丟進洗衣機內，家裡門窗全部關緊，通氣扇不能開，讓人覺得這根本不是人能過的日子，風聲鶴唳，因此清晨我們就決定要逃難了。上午，我先去銀行提款，比平時多領了很多現款，因爲擔心如果眞的發生恐慌，有現鈔在身上還是很重要的，然後四人共進午餐後，先讓等待大學開學的遊閒份子的小兒子搭下午兩點的新幹線去大阪，我們給了小兒子日幣現款五十萬日圓，以及一張也有幾十萬日圓存款的銀行金融卡，他從出生以來還沒自己單獨拿過這麼多現款，樂不可支。

大兒子表示要去研究室整理一些事後，才能離開東京，但情況越來越緊張，東京輻射汙染濃度居高不下，有的地區如台東區空間劑量曾達到一天二十微西弗（但京都大學學者小出裕章指出，東京大學測的二十微西弗是只有γ射線，若連其他輻射線也算進去，十五日東京是一日二一〇微西弗），我們擔心還會惡化，要眞的惡化，大家都準備逃難的話，我們可能就走不掉了。

我在下午三點發簡訊要大兒子早點回家，準備離開東京。大兒子回家後，也給他買了新幹線車票等，他原本想等我寫完稿一起走，但我當天有週刊專欄的截稿，而且是爭取來的三篇核災版面，我很急切想把日本核災現況傳達給讀者知道，因此想撐到最後，估計要到夜裡十一點才能寫完——這也是王銘琬給我的時限。大兒子只好死心，他含淚握著我的手說：「對不起，我無法等妳了，我只好先走了！」王銘琬本身是謝絕了兩個錄影工作，不過他還是努力成全我的工作。

結果我寫到夜裡十二點多才寫完，而且在九點左右靜岡發生地震，要往關西的東名高速公路、中央高速公路都封鎖了，走不掉了，因此我們乾脆等到十六日清晨五點多才動身，因爲帶著孩子們的行李，如電腦、衣物，所以我們開車去。大兒子的行李很多，裡面裝了他多年來的日記、相簿等人生紀錄。後來，我看那些離開福島核一廠二十公里避難圈的人得以返家一小時拿一個環保袋的貼身物品時，大家的選擇也是護照、戶籍謄本、存摺外，就是拿照片、日記，以及曾穿過的幾件衣物。

人在最緊急時，才知道什麼是對自己最重要的，結果能證明自己活過來的東西最重要。我在從東京往大阪的路上直想著，雖然我很愛東京的家，但我們可能眞的回不去了，有點不敢想。

十六日傍晚到了大阪，一家四口重逢，我就覺得這比什麼都好，雖然身外之物得來也不易，但畢竟是身外之物。而且到了大阪，眞的覺得回到正常世界，每個人都有笑容，車站的站務員或居酒屋裡一起臭罵上司的上班族等，笑聲不斷，讓人更感覺讓輻射籠罩的東京的異常。

而且十六日到了大阪後，知道四號燃料池又再度爆炸、發生火災，三號機冒白煙等，核災不斷擴大，當下就慶幸離開東京的判斷是正確的，而且十七日，三號機再度冒白煙，看直升機從上空要投入海水也都投不中，但即使投中，連杯水車薪也不算，因爲需要冷卻的是幾千度的爐心，日本政府、東電的人已經說了無數次「想定外」「今天已經達到限度」，讓人覺得拯救核災本身非常低科技，非常無力。

在大阪的最初四天是住在較好的阪急飯店，但其後因爲不知道會住多久，也必須考慮到經濟上的負擔，因此到大阪後馬上訂了往後的商務飯店的住處，甚至開始物色大阪附近的出租公寓等，也在大阪的花旗銀行開戶，打算把爲數不多的日圓存款也全數改變到在海外也能支用的狀態。

雖然住的還是飯店，而非避難所，顧及兒子們都很大，開了三間房或兩間房，但畢竟不是自己家裡，非常不方便，最主要是前瞻不明，即使大阪離京都只有四十分鐘車程，但沒什麼心情去旅遊或享受關西美食，過沒幾天，大家的脾氣都有點暴躁起來。倒是小兒子拿了五十萬日圓現款在身上，麥克麥克，到了大阪馬上去買了一堆衣服，而且還在大阪、京都等召開了三次逃難同學會，因爲他的高中同學也有許多跟家人逃到大阪了。

我的許多日本朋友跟我說：「妳這是疏開嘛！」疏開是二次世界大戰時許多人疏散到鄉下迴避戰爭的名詞，在小說或連續劇裡看過，但做夢也沒想到會用在自己身上。這些日本朋友有的全家去九州旅行，或是讓妻兒疏開到四國等鄉下去，但他們繼續留在東京打拚，日本人對男人也疏開並不是很能理解，多少有「落跑」的感覺，因此王銘琬推辭工作時雖照實說：「我身心狀態不大好！」但沒法說：「因爲核災擴大而讓我身心不寧，打算去外地散心！」說不出口，因為也是有人還願意堅守崗位，才讓日本整個體制還能維持下去。

但是三月二十五日王銘琬有個重要的比賽，他面臨抉擇是否要回東京，還是「不戰敗」，不戰敗是他作為職業棋士自己也很難接受的，因此到二十二日左右，因為東京消防廳對三號機放水成功，以及眼前大概不會有大規模水蒸汽爆炸，因此我們決定至少大人先回東京，小孩子讓他們暫時回台灣，因為輻射汙染對年輕人或幼兒的影響比較大。

二十三日，我和王銘琬在從大阪回家的路上，聽到廣播播出東京都自來水遭汙染，含放射性碘高達每公升二一〇貝克（日本政府在災後，將水、牛乳等含放射性碘的基準提高至成人每公升三百貝克，幼兒則是一百貝克），雖然我們中途從高速公路下去幾處大型量販店、超市買水，但已經很難買到，即使能買的，也都一個家庭限購一瓶（兩公升），接近東京，心情越沉重。

福島核災至今都還沒眞的進入收拾階段，因為三個爐心都不知道跑到哪裡去了，四個燃料池也都還有承重問題，每次颱風、餘震來，都還是提心弔膽。

雖然東京的家在鄰近新宿的地區，屬於東京西邊，還算輻射值較低的地區，但我從三一一之後，沒有把衣服晒到陽台上去，在家裡都喝礦泉水，買蔬菜、魚類盡量買關西或四國、九州產的，魚類不吃日本太平洋岸的，但我們家算是外食多的家庭，防不勝防，尤其兒子們都在大學附近吃便宜的學生定食，那樣的餐廳很多會採用現在消費者敬而遠之而價格暴跌的關東地區汙染嚴重的食材，很令我擔心。即使日本政府把食物暫定標準提高很多，但現實上還有許多超標，而且檢驗能力有限，沒有檢驗但超標並流到市面上的食品非常多，想到這些問題，都會很憂鬱。

我們在那須還有一個家，但現在那須高原的輻射值是東京家的七倍，暫時幾年內無法安心去度假，而且資產價值幾近於零，按理也該向東電或日本政府申請核災賠償，但現在日本政府連福島一百五十萬應該避難的人都只能照顧到一成，沒有餘裕顧及房地產暴跌的賠償，我從大阪回東京後，把一直放在皮包裡的愛用的那須名旅館溫泉優待券丟掉！

現在對輻射影響的感受的差異，撕裂了許多家庭、職場，也造成家長與學校對立，因爲像東京中小學營養午餐，都還故意引進福島等地產的蔬果表示聲援福島，讓家長擔心而不讓孩子吃營養午餐，許多東京家長也要求區公所、學校測量操場等地點的輻射值。我很慶幸的是我的孩子已經比較大了，許多日本人問我：「妳的孩子多大了？」當他們知道都超過二十歲時，都說：「恭喜！恭喜！」因爲遭受的影響都比乳幼兒小多了。

還很幸運的是關於對輻射的認識，四個人都差不多，不會因爲日常生活細節而爭執。但是我在大阪時想到，我是住在離福島核一廠二百五十公里的東京，還能逃到離東京五百公里外的大阪，福島人怎麼辦？而且更想到台灣也有老舊的核一、核二廠，都離台北不遠，我的娘家、親朋好友都在三十公里圈內，要是發生類似核災，他們要怎麼辦？想到這樣就坐立不安，而回頭也關心台灣的核電問題，發現台灣問題更大條，更讓我憂慮！

The Eurasian Publishing Group
圓神出版事業機構　用心與你對話・網野無限寬廣
先覺出版社 Prophet Press

http://www.booklife.com.tw　inquiries@mail.eurasian.com.tw

社會觀察 032

台灣必須廢核的10個理由

作　　者／劉黎兒
發 行 人／簡志忠
出 版 者／先覺出版股份有限公司
地　　址／台北市南京東路四段50號6樓之1
電　　話／（02）2579-6600・2579-8800・2570-3939
傳　　真／（02）2579-0338・2577-3220・2570-3636
郵撥帳號／19268298　先覺出版股份有限公司
總 編 輯／陳秋月
資深主編／李美綾
責任編輯／李美綾
美術編輯／劉嘉慧
行銷企畫／吳幸芳・凃姿宇
印務統籌／林永潔
監　　印／高榮祥
校　　對／李美綾・劉黎兒
排　　版／陳采淇
經 銷 商／叩應股份有限公司
法律顧問／圓神出版事業機構法律顧問　蕭雄淋律師
印　　刷／祥峯印刷廠
2011年12月　初版

定價 290 元　ISBN 978-986-134-181-1

台灣自傲的綠能產業只能淪爲他國綠能發展的代工。德國國會的太陽能屋頂是台灣生產的，讓德國安心地通過廢核法案，但台灣的國會卻還在通過續建最危險的核四預算。

——《台灣必須廢核的10個理由》

國家圖書館出版品預行編目資料

台灣必須廢核的10個理由 / 劉黎兒 著. -- 初版. -- 臺北市：先覺, 2011.12
304面；14.8×20.8公分. --（社會觀察；32）
ISBN 978-986-134-181-1(平裝)

1.核能發電 2.核子事故

449.7 100021145